视觉的
想象力·造型

仝朝晖 著

中国建筑工业出版社

U0664163

图书在版编目（CIP）数据

视觉的想象力·造型/仝朝晖著. —— 北京：中国
建筑工业出版社，2021.12（2023.8 重印）
ISBN 978-7-112-26931-0

Ⅰ.①视… Ⅱ.①仝… Ⅲ.①造型设计 Ⅳ.①J06

中国版本图书馆CIP数据核字（2021）第249603号

责任编辑：吴宇江　张　建
文字编辑：黄习习
版式设计：锋尚设计
责任校对：张惠雯

视觉的想象力·造型
仝朝晖　著

*

中国建筑工业出版社出版、发行（北京海淀三里河路9号）
各地新华书店、建筑书店经销
北京锋尚制版有限公司制版
北京中科印刷有限公司印刷

*

开本：787毫米×1092毫米　1/16　印张：17¼　字数：299千字
2022年6月第一版　2023年8月第二次印刷
定价：**58.00**元
ISBN 978-7-112-26931-0
（37966）

序

中国经过40多年的改革开放和快速的经济发展与城市建设，艺术设计领域经历了借鉴西方、模仿和探索自己道路的过程。在今天高质量发展的背景下，造型设计再次成为社会、市场关注的焦点。习近平总书记在2021年4月视察清华大学美术学院时强调："发挥美术在服务经济社会发展中的重要作用，把更多美术元素、艺术元素应用到城乡规划建设中"，"把美术成果更好服务于人民群众的高品质生活需求"，为艺术设计指明了方向。如何避免丑陋的建筑、平庸的产品设计，探索以人为本的建成环境设计科学，构建具有中国特色的、能孕育人的心灵的人居美学，是广义设计学科的历史使命。

希腊哲人说，人类是按照自己的意图创造事物的。而每一个人的意图或想法又是与他的经验分不开的。按照杜威的实用主义思想，人的经验具有连续性和互动性[①]。我们过去的经验会影响我们今天的思想观念，同时今天我们所处的社会环境也会作用于我们的认识，并通过我们的行动影响未来。可见，一切的创造实践都与文化的传承、时代鲜活的信息等密不可分，这是人类实践的创造性的根源。所以，无论我们主观上承认与否，人类的艺术造型的过程是一个文化传承与环境因素相互作用的过程。这也是设计艺术发展的基本规律。

仝朝晖老师的这本专著，从视觉传达、工业设计、建筑、景观等多专业本科艺术教学的需求出发，通过研究与教学实践的总结，探求这些专业共同需要的艺术造型的知识、基础能力与素养等教学规律，形成目前这本教材，是对该领域的重大补益。该书追溯了现代艺术早期对形体、空间、结构的探索，造型在现代艺术中独立出来的历史过程，以及抽象艺术的发展，这些都为认识和理解当代造型艺术的艺术设计的教学理论与学科发展奠定了重

---

① 杜威，经验与自然［M］. 傅统先译. 北京：商务印书馆，1960.

要的知识基础。因为正是抽象艺术的发展为艺术造型与现代生活、科技的全面结合搭建了不可或缺的桥梁。

为了满足学生学习、教师教学过程的需要，该书系统梳理了立体、平面空间造型创意的知识体系、主要知识点、形体造型的原理、表达方式，以及这些方式在当代艺术设计中的呈现。书中还通过大量不同的景物的类型，系统讲解了如何从具象的现实景物中概括出抽象的几何构成等方法、形体转换等思路；此外，还引入了后现代的概念，启发学生如何将日常习以为常的形式通过解构、重构赋予它们新的意义，以及相关的方法和基本思路。该书浓缩了当代造型艺术的主要流派对视觉想象力的观点及代表作品，对丰富学生的艺术造型修养、开阔视野极为有益。

衷心祝贺该书的出版，欣然为序。

张杰
清华大学建筑学院教授
北京建筑大学建筑与城市规划学院院长

现代艺术观念影响下的现代设计

今天许多艺术类的大学会有"造型部"和"设计部"的专业区分，分别负责"纯艺术"与"设计艺术"的教学。一般认为"设计艺术"是服务于现实生活的实用性之需，而所谓的"纯艺术"是满足人在精神世界的艺术审美需求，也承担着社会道德教化的熏陶功能，因此就有了两者的分野。但是，这种观念在20世纪初开始慢慢消解，典型就是早期的包豪斯时代艺术。包豪斯是一所设计专业的学校，当时这里聚集了众多的优秀画家、雕塑艺术家，如康定斯基、克利、费宁格、莫霍利·纳吉、约翰·伊顿等人，因为这些人的影响，包豪斯的教学由手工艺转向现代的工业设计，它的学术理念也对整个现代设计艺术产生了深远的影响。

当代著名画家同时也是公共艺术家的杜大恺先生，在《从绘画到设计：早期抽象主义画家对包豪斯的影响》一书中的序言这样描述："现代意义上的设计是从建立于1919年的德国魏玛包豪斯学院为始端的，'联合所有创造活动'，塑造'全能造型艺术家'是这所学院的宗旨，它企图通过'异花授粉'和'缪斯运动'实现设计师、建筑师、艺术家与工匠之间的合作，消解艺术与设计的区别。包豪斯学院的创立者格罗庇乌斯以及后来担任过包豪斯校长的密斯·凡·德·罗都是社会改革家，是他们使包豪斯的所有主张都充满了社会革命的色彩，他们敏锐地发现了历史新旧之间的转折点，并成功地选择了相应的方式适应以致推进了历史的进程，他们创造了一个与过去不同的时代。"

反观我们中国人的文化观念，亦有如《庄子》"庖丁解牛"中论述的"技进乎道"，以及清代魏源"技可进乎道，艺可通乎神"的名言，其中也有类似"包豪斯经验"所指的含义。

艺术史中把"艺术家"和"设计师"两者集一身，其实是大有人在的。我们可以从达·芬奇的身上看到。他几乎是一个全能创造者，他是画家、雕塑家，同时是建筑师，而除了造型艺术，达·芬奇也通晓音乐、数学、生理、物理、天文、地质。同样例子在毕加索身上也有表现，他除了从事绘画、雕塑之外，也创作了大量的陶艺、服装设计、舞台美术等作品。

可以说，经历文艺复兴、启蒙主义、现代主义等不同历史时期，无论是从"关怀人性"角度理解的人文主义，或者从"以人为本"角度理解的人本主义，在这些文化思潮影响下，艺术回归到为人服务、为当下现实服务，这种趋势就一直方兴未艾。另外我们也注意到，西方社会在现代主义艺术时期，出现了造型艺术和设计艺术之间的相互渗透，其背后还存在一种社会文化因素，那就是在20世纪前后，现代社会发起的倡导艺术家走向社会、主张艺术大众化的文化潮流。这一时期兴起的社会艺术运动如主张艺术服务于日常生活的法国"装饰艺术运动"，主张艺术面向公众展示的日本"会场艺术运动"，以及当时中国社会推行的旨在服务于实业救国的"图画教育"和倡导"艺术要民众化，民众要艺术化"的岭南画派运动等。它们虽然提出了不同的思想主张，但其共同的交集点却在表明：现代文化的重要特征性之一，即是围绕着人们对艺术创造与服务现实的关系，进行重新认识和实践，并以此作为始终。

在今天的消费时代，艺术品演化出文化商品，艺术家参与企业文化，这些都成为时尚。现代人倡导品质生活、诗意栖居，所以我们的日常生活无时无处不存在着"设计"因素。同时，人们对各种各样的设计产品也不断提出更高需求。总之，现代艺术和现代设计艺术的融合，即是适应了时代变化的节奏。

现代艺术和现代设计艺术同是现代文化在人们生活不同领域中的表现方式。两者的关系：现代艺术观念给现代设计提供了艺术审美的理念，提升了设计艺术本身的精神内涵和文化气息；而现代设计也启发了现代艺术的创作思维，使之进而朝向更为广阔的空间延展。

本书的造型基础训练，主要是为现代设计专业学习服务的，借鉴了现代艺术的观念和方法。内容本着先易后难，从"直观"到"概念"的原则，在训练步骤方面，从"立体"到"平面"，从"具象"到"抽象"，从"绘画造型"到"综合材质"。教程设计注重严谨的逻辑，内容层层推进，相信这些会对读者有所帮助。这种教学方法，试图通过新的造型教学方式和思维理念，启发学生的艺术想象力，培养艺术创造中的创意思维。

同时，本书的部分章节，运用了艺术学研究的一些基本方法，如"从图像分析来解释艺术观念"，这些内容对艺术学专业学习也有一定的参考价值。

目录

设计专业需要怎样的造型素养？

"造型"简单来说，就是按照一定的审美观念，发现和锤炼艺术之形，创造艺术形象的过程。造型训练可以通过各种手段和方法来实现。素描是造型训练的重要内容。

"素描"一词是舶来语，英文原词Drawing，带有手稿、草图和设计构思的意思。对现代主义艺术来说，由于倡导艺术观念创新和造型形式的个性化，素描的作用也就不局限在美术基本功训练的层次，它还包含了对艺术观念和造型方法的研究探索过程。就像法国国家现代博物馆馆长让·可莱尔在主办的"具象表现素描巡回展导言"中所说："素描代表了一种意图"。

正是基于这种认识，本书定义的素描，是"关于造型意图的整理与实现"。

在此前提下，本书的造型教程也就区别于传统的素描教学，我们的训练方法和评判价值的观念，也都会随之变化。总体来说，在不同时代和不同适用专业情况下，造型教学理念会有所不同，这体现了我们与时俱进的学习态度和方法。

随着现代科技的发展，一些设计类专业的传统美术教学方式遇到了挑战。因为在今天科技环境下，电脑制图代替手绘成为现实，这必然也要求我们重新调整教学方式，适应时代的需要。同时，现在教学中所谓的"造型创意""设计素描"也绝非是任凭学生的感觉去画，而是要在教学中体现"学理性"和"系统性"，从而有效地给学生传授新的思想理念和知识技能。这也就要求我们的造型课程内容，不仅能深入浅出地被学生理解，便于指导学生实践，让教学获得实效的成果，而且这些作为"造型基础课"训练的成果，可以转化为学生"设计专业课"所需的动手能力和思维能力，这是当前我们造型教学改革的突破口。

广义的"艺术设计"可以包含环境艺术、平面设计、景观设计、建筑设计等多种内容。在今天的电脑时代，通过美术教学给这些专业的学生进行美术写实能力的培养，就显得不再那么重要了。那么，造型艺术（主要指纯粹适用艺术欣赏类的艺术形式）和设计艺术，还有哪些共通的知识范围？设计专业的学生需要具备哪些造型素养？怎样做能够使这种艺术素养和能力不被今天的计算机软件操作所取代？

这里所谓的造型素养，包含两方面：其一，表达艺术形象的动手能力；其二，造型过程中的艺术思维能力，即"审美判断"。这两方面如同人的手脑关系，两者是合二为一的，我们要动手表达艺术形象，必然有艺术思考的意识活动参与。从通常意义来区别"造型艺术"和"设计艺术"的异同，例如，造型艺术中如古典绘画的情节叙事和思想主题，在设计艺术中就表现得不太明显；而绘画艺术表现手法中的形式、构成、色彩等因素，则是"造型艺术"和"设计艺术"两者共通的。特别是现代艺术遵循的形式主义美学强调反对模仿自然的写实性艺术表达，追求造型自身的独立审美价值，由此衍生出风格主义、抽象主义等艺术潮流，这种艺术观念的变革极大地拉近了现代艺术和现代设计之间的距离。

本书主要围绕现代主义艺术作为参照，从现代艺术和现代设计中找到"造型观念"和"造型方法"的共通知识点。其包括：形体的空间造型想象，图形的抽象表达能力，视觉形式传达的主观情感，图形符号的文化内涵等。我们的教学思路是通过解析现代艺术的造型原理，来启发现代设计的创意构思。同时，在人类社会发展过程中，审美意识涵盖在所有文化行为之中，因此，在现代艺术语言创新背后所投射出的人文思想，也会丰富我们设计艺术的精神内涵，对提升艺术设计文化品质起到有益帮助。

还有，现代艺术的流派风格和思想观念繁杂，如何有效地借鉴到设计专业的美术基础课教学中？本书以现代主义艺术的两条发展主线，作为教学内容的借鉴和参考。这两条主线为以塞尚、毕加索、蒙德里安等人的艺术为代表形成的"形式主义美学"艺术主线；以高更、凡·高、达利等人的艺术为代表形成的"非理性的主观表现"艺术主线。同时也关注到中外民族艺术和民间艺术的传统，以及架上绘画之外的综合材料等不同艺术形式。希望本书推出的思路和方法，对提升和丰富艺术相关专业学生的造型素养，起到积极作用。

上篇：

从"形"到"型"的
创　造

这里我们理解的"形"是经过作者主观过滤，进行提炼、加工，符合审美规律的"艺术之形"，它超越了"客观之形""非客观之形"；而所谓"型"，是由"形"生成的审美图式，其中含有个人的精神意志和艺术思维，也折射了时代文化和社会因素的影响。

第一章：

塞尚艺术的

"形体、空间、结构"

第一节　从塞尚认识"现代主义艺术"

　　在现代艺术史上塞尚被誉为"现代主义艺术之父"，认识和理解塞尚艺术是解析现代主义艺术观念的一把钥匙。

　　举个例子，如果把我们眼睛看到的世界理解为"第一自然"，那么经过艺术家的描绘，真实地把眼睛看到的世界再现成绘画艺术作品，这种艺术形象可以理解为"第二自然"，传统的古典主义艺术即是在创造"第二自然"。达·芬奇就说过这样的话："绘画是自然界一切可见事物的唯一的模仿者。绘画的确是门科学，并且是自然的合法的女儿，因为它是从自然产生的。为了更确切起见，我们应当称其为自然的孙儿，因为一切可见的事物概由自然生养，这些自然的儿女生育了绘画，所以我们可以公正地视绘画为自然的孙儿或上帝的家属。"但是到了现代主义艺术时期，人们已经不满足于通过模仿"第一自然"来呈现"第二自然"，而是探求创造一个不同于"第一自然"的，且经过艺术家重新主观改造和创建的独立艺术世界，即"第三自然"。

　　在19世纪末叶，塞尚发现了自然物象中"形体"构成的本质，使绘画摆脱了自文艺复兴以来建立的价值体系，把西方绘画真实地描绘客观自然的传统观念，转向了对画面自身造型要素的重新构建与认识，为20世纪现代主义①美术奠定了造型理论的基石。塞尚以后，西方现代绘画逐渐与现实分离开来，成为一个与客观真实并存的世界。之后，现代绘画和现代设计的关系也越来越密切，它们的新思想和新方法，我们都可以从塞尚艺术的造型观念中找到源头。

　　这里我们仅就造型研究角度，具体从"形体""空间""结构"几个方面来分析塞尚的艺术观念和方法，看看有什么不同于传统绘画观念的新内涵？大家可以举一反三，对现代主义艺术的造型原理有更为清晰的认识。

① @知识链接：在欧洲文化史上，狭义的现代主义是指艾略特、伍尔芙与乔伊斯所代表的文学运动，或是塞尚、马蒂斯与毕加索等人所代表的美术运动。

1. 何为相对"传统"的"现代"?

19世纪是人类社会发展过程中一个伟大的时代,不仅自然科学上有许多发明创造,文化思想领域也取得重要的开拓与创新。由于欧洲各国经历了工业革命,先后进入工业化时代,资本主义社会的物质文明发展进入到高度繁荣时期。大机器时代的到来不仅改变了人们的生活方式,也使人的思想、意识、价值观念随之产生了新变化。

在这样的背景下,艺术家也寻求创立一种新的视觉表现形式,进而展开了关于艺术"现代性"的又一次审美论战①。当时,对"现代性"的探索不同程度地触及所有的艺术门类,以绘画最为明显,这场运动也预示着遵循以往艺术观念的"传统艺术"和更具有活力的"现代艺术"之间的分野。

西方美术在19世纪以前,主要以宗教题材和写实的艺术风格为主要特征,这种古典主义美术②代表了欧洲文艺复兴以来的一种主流的社会审美意识。18世纪中叶以后,在当时所谓"世界艺术中心"的法国巴黎,新古典主义逐渐成为学院派艺术的代表,也将古典主义绘画的写实传统推向了又一个高峰。

之后在传统绘画范畴中,出现了写实主义(又译为现实主义)流派和浪漫主义流派。所以19世纪末,法国画坛基本上处于浪漫主义画家和写实主义画家的艺术争论之中。

那么,新古典主义、浪漫主义、写实主义、印象派、后印象派和现代主义,这一艺术谱系是怎样演化的?

浪漫主义者反对新古典主义主张严格的主题形式与技巧法则,倡导艺术对感情的表达;写实主义美术兴起后,画家提出要表现真实的现实生活,逐渐代替了浪漫主义美术,而成为当时主要的艺术流派。写实主义画家倡导观察自然、学习自然,无论在艺术创作观念还是作品的视觉样式上,预示着欧洲画坛在此数十年后将要发生更为深刻的艺术变革;随之,莫奈等人为代表的印象派潮流出现,这些艺术家坚持用色彩表现对现实生活的全新视觉发现,强调"色彩的客观主义",这一新观念开始动摇了西方绘画传统的艺术体系。

塞尚的艺术植根于欧洲古典主义绘画传统,他推崇古典文学的永恒性,这也成为他后来艺术探求的精神基础。

① @知识链接:审美论战,在欧洲艺术史上关于"现代性"问题,发生过两次审美论战。第一次指17世纪出现的关于绘画的素描和着色的两种观点之争,这里指的是第二次论战,即关于古典主义和现代主义的争论。

② @知识链接:相对现代艺术而言,一般笼统来说,古典主义艺术指西方艺术从古希腊到后期印象主义期间的艺术风格。按照艺术史家贡布里希的说法是"错觉主义"艺术,即艺术要表现客观现实的视觉真实性。

塞尚曾经说："卢浮宫是一所最好的学校"，1861年，22岁的塞尚从家乡艾森普洛文斯来到巴黎，他痴迷于卢浮宫收藏的卡拉瓦乔、鲁本斯、伦勃朗、库尔贝和德拉克洛瓦的画作，这些不同时代和艺术流派画家的作品，对塞尚产生了深远的影响。他特别崇尚17世纪法国古典主义大师普桑作品中宏伟、庄严和静穆的艺术风格。

但是，塞尚在巴黎报考美术学院屡次失利，参加美展又被拒之门外，在遭遇连续挫折之后，他决定选择一条孤独、艰辛的自我探索艺术道路。

塞尚后来参加"落选沙龙"，加入印象派的艺术活动，随毕沙罗到户外写生。他认为印象派的艺术追求，强调描绘自然界瞬间的光线变化，但是使物象体积变得松散，画面缺乏了内在物体结构关系的支撑。因此，他想驱除作品对物象表层光色的暧昧性描绘，而直接表现物体永恒不变的实在性本质。所以塞尚说："我想从印象派里找出一些东西来，这些东西是那样地坚固和持久，像博物馆的艺术品。我们必须通过自然，也就是说通过感觉的印象，（使其）重新成为古典的。"

最终，塞尚脱离了印象派团体。他继承了印象派通过对景写生来细致观察大自然的原则，通过自己的艺术实践，发现了要运用"形体"来重新解释物象，从自然表面意义中找到造型的独立性价值，创建了一种不同于前人的艺术表现形式。

因此美术史上把塞尚、凡·高和高更这些曾受到印象派影响，后来又反对印象派艺术观念和创作方法的艺术家称为"后印象派"画家。后印象派画家摒弃了绘画的文学叙事性表达，强调艺术表现性，运用个人方式开始一种属于"纯绘画"的形式探索。简言之，塞尚之所以在现代艺术史上具有划时代的重要贡献，这正是因为他对绘画造型要素独立意义的探求，开启了现代主义绘画的艺术观念，启发了之后的立体主义、野兽派、抽象主义等诸多艺术流派的产生。

2. 探求造型要素的独立意义

这里说的"造型要素"可以简单地解释，就是绘画、雕塑、设计等造型艺术中的形式、色彩、体积、点线面、笔触之类艺术语言中必备的组成单位。对于古典主义艺术而言，这些造型要素具有叙事，或者主题性表达的功能，即作品表现的事件或构想；对于现代艺术而言，这些造型要素的自身同时也具有独立的艺术审美价值，所谓的"现代主义"艺术，就是在探求这些造型要素的独立性意义。

"探求造型要素的独立意义"这一艺术观念产生的过程，大致是怎样发展的呢？

19世纪后半叶，欧洲艺术逐渐从为社会服务的功用主义观念中摆脱出来。艺术家不再认为自己是社会生活被动的记录者，他们开始探讨艺术自身价值的一些问题。例如，借助当时自然科学领域对光学和色彩学的研究成果，"印象派"画家获得启示，莫奈走出画室，开始直接在外光环境下对实景进行写生，表现自然界转瞬即逝的光色变化；"新印象派"画家修拉运用近似物理学的理解，创造了用非混合色的规则小点镶嵌画面"点彩法"；之后，崇尚自由创新精神的"后印象派"画家，在面对大自然进行艺术表现时，眼睛被赋予了新的使命，他们尝试用新的角度观察世界，其作品对表达"绘画形式"自身的诉求，变得更为强烈。

也就是说，以往传统绘画追求的"叙事性"与"主题性"，开始被另一种新的绘画观念取代，即是绘画作品自身的形式成为艺术表达的核心。如塞尚所说，"我们真的那样看待世界吗？还是绘画形式本身还存在没有被探索过的东西？"这也是他在绘画探索中要直接回答的问题。

塞尚艺术大致可以分为三个时期，浪漫主义时期、印象主义时期和中晚年时期。在最后一阶段的29年间（从1878年到1906年），也是塞尚艺术风格形成和成熟的阶段。这时期他有大量的静物、风景及人物创作，其艺术探索目标就是：寻找物体内在的造型规律和固有的形式与秩序。

虽然塞尚艺术并没有完全脱离具象表现的古典绘画传统，依然以传统绘画的基本要素作为造型手段，但是他却从中发现了艺术变革的新契机。传统艺术观念认为绘画要真实地再现自然，而塞尚是通过对自然物象的观察与解析，去探求画面中造型要素的独立意义。他的艺术观念实现了从再现自然物象到研究造型本体价值的一种转变。

塞尚认为：艺术家观察世界，是通过感官来感知的。也就是说客体世界对于艺术家来说，是经过感觉器官过滤后的世界，这个世界是由感觉材料组成，因此需要通过艺术家的心灵去净化感觉，去整理感觉，使它变得有秩序，实践"绘画是一种以视觉理解世界的方式"艺术主张。他发现了物象造型中蕴含着"形体"结构的秘密，提出"以形体的认识来感觉我们所看到的一切"。塞尚从自然中看到的不再是现实物象的表面意义，而是造型要素的本身，以及这些要素之间的关系。

　　塞尚艺术一方面表现自然世界的物质实在性，同时强调对造型规律的主观理解。有一个为人熟知的故事，塞尚面对新鲜的苹果，一直画到苹果腐烂仍然兴致不减，因为在他眼里，苹果已经失去它的"实物"意义，只是造型研究的"形体"。画家关心的不是"画什么"问题，而是思考"怎么画"。塞尚的贡献在于把造型元素（"圆形"）从对自然物象（"苹果"）的依附中提炼出来，使之有了独立的造型审美意义。

　　塞尚为代表的后印象派画家，第一次怀疑自欧洲文艺复兴以来人们一直遵从的艺术定理：艺术作品就是模仿一个可见对象（或根据可见对象来想象一个非现实的形象）。更进一步说，塞尚把人对艺术形象自由"制造"的过程，抬高到模仿自然世界的结果之上，把艺术从再现自然的枷锁里解放出来。如果人类艺术史是一部不断探寻如何表现视觉方式变化的历史，那么塞尚在其中起到非常重要的转折性作用。他的艺术实现了对传统造型观念革命性的突破，寻找到一条艺术表现的新途径。

　　塞尚的艺术观念体现了现代主义人文精神的核心思想，即强调个人的创新力。在艺术创作中，人们不需要模仿"上帝制造"的世界，而是可以自由地创造，来表达个人的理解和认识。

3. 塞尚造型观念解析

　　塞尚造型观念的价值在于：通过他的艺术探索，发掘出自然表象之下隐藏着的某种纯粹性的本质，将散乱的视觉感受整合成秩序化的图式。他用个人的观察方式，以尊重视觉与直觉作为前提，在再现过程中保持视觉形式的"客观性"，同时，在表现过程中对画面的结构形式进行了"主观性"的处理，并且在这两者之间建立了一种新的协调关系。塞尚作品中的这种新的画面关系所产生的视觉性，不仅与自然有着较为密切的联系，而且又具有内在自足性。

　　下面我们从不同方面，来具体分析塞尚作品的造型方法。

（1）自然物象的"几何形体化"

　　大千世界的客观物象，都具有由最简单的几何形体构成的特征，比如，我们可以从人的头部或者一个苹果中，抽取出它们的共同属性——"球体"，从树干、茶杯中抽取出"圆柱体"等。塞尚发现了这个造型的本质规律，通过对物象造型的分解、概括，将其归纳成简约的几何形体，再进行画面的艺术表现。自然物象可以"几何形体化"，这是塞尚造型观念认识的重要开端。

　　自然世界究竟是什么样子？长
期以来，人们总是习惯于用一种方
式观察世界，也就是通过我们的
"直接视力"看到的，然而这究竟
是不是自然的真实？塞尚提出了这
个疑问，并且通过深入的艺术探索
进行解答。他艺术理解中的客观世
界，不是呈现在人们"直接视力"
中的形象，因为通过直觉认识的世
界，那不过是人感觉到的某种"影
像"，而塞尚所追求的是对世界更
为理性的理解。他认为，自然世界
不是诉诸感官层面所作用的结果，

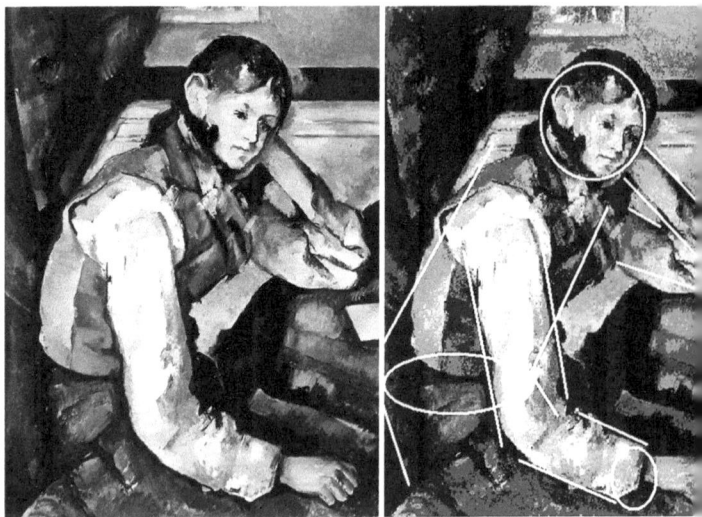

图1-1　塞尚《穿红背心的少年》

而是要努力地排除事物表面变动的暧昧性，来直接参透其不变的本质。

　　塞尚提出，自然中的每一物象都与球体、圆锥体、圆柱体极为相似，他
说"必须在学会描绘它们的基础上学习画画，然后就能画一切所想画的东
西"。他主动地用"形体"的意识来感受外部自然，将自然界反映到我们大
脑中琐碎、凌乱的表象进行归纳，使得自然物象在人的意识中，变得简明有
序。所以，英国形式主义美学家克莱夫·贝尔评价塞尚是"发现形体新大陆
的哥伦布"。

　　在《穿红背心的少年》这幅作品中（图1-1）我们可以看到，画家力图
把人物概括处理成几个大的几何形体：头部被看作是一个圆球体，手臂与躯
干被看作一个个大小不等的圆柱体，背景由多种长方形、三角形与梯形组合
而成。这种独特的艺术认识观念，体现了塞尚对绘画的造型独立性意义的思
考。因为在整幅画中，他所关注的已经不是表现人物的性格、情绪、身份等
具有社会属性的"自然人"特质，而是在表现一个造型观念中的"人"，这
个"人"的核心就是形体以及形体与形体之间的关系。

　　又如，静物画《水果盘、杯子和苹果》中（图1-2），他对水果、瓶罐
与帷幔的处理手法，以及风景作品《黑堡附近的森林》中的山峦、地面、树
木等的处理手法，这些也都做了类似"几何形体化"的整理与概括，塞尚绘
画中这样的例子不胜枚举。这种"几何形体化"的处理，是通过对每一个具
体事物造型特征的分析、综合与推演，有步骤地得以实现。同时，它也是进

图1-2 塞尚《水果盘、杯子和苹果》

行艺术理性思考和深入研究的过程，包含着作者对客观世界造型本质和规律性的认识。

塞尚格言："艺术是一种和自然平行的和谐体，绘画不是追随自然，而是和自然平行地工作着。"这句话就是说，艺术和自然不存在谁模仿谁的关系，两者创造出来的价值是等值的。在塞尚的笔下，通过对自然物象"几何形体化"的造型转换，艺术家眼中的外部世界被忽略，艺术形象与"真实"自然界的关系，不再是像照相机那样如实地复制，而重点在于人感官的感知以及心灵对感知的整理、调整。

英国的现代艺术史家贡布里希在《艺术的故事》一书中评价："塞尚发现了只属于他的问题"。的确如此，塞尚艺术不是像后来的抽象主义作品，完全放弃表现客观物象的特征性，他的绘画依然如古典绘画那样，保持着清晰可辨的自然物象特征，塞尚强调的只是在"形体转换"的造型暗示中，获得正确认识造型规律的方法。也即是，"几何形体化"处理把自然界重新解释为一种具有深度"形体"的集合，将艺术对象提炼到近乎"纯观念"的意义，为画面追求有序、逻辑的形式秩序感准备了条件。塞尚也因此为20世纪的现代艺术家提供了造型的新概念，教会了他们如何重新看待自然。

（2）构建画面空间的新秩序

塞尚造型观念重要的另一环，是对画面空间概念的重新认识。具体表现在，他否定了古典绘画遵循的透视法则，对画面中的空间位置进行了更为主观化的艺术处理。

古典主义绘画追求接近感官真实性的视幻效果，所以在文艺复兴时代艺术家发明了符合人眼睛生理机能规律的焦点透视方法，这也成为"天经地义"的艺术法则。但是，塞尚对这种传统的绘画表现方法提出质疑，他要以自己的方式对画面空间进行重新构建。

重新构建的这个"世界"，它的本质就是理性。塞尚作画总是和自然保持着一定距离，用理性的感觉对自然进行追踪、注视和解释。塞尚一生执着地描绘自然，他谦逊地说，在自然面前"要变成自然的学生"，但是又强调"自然对我呈现出很复杂的各个方面……既必须努力观察和很准确地感受对象，又要独到有力地表达自己"。也就是说，塞尚希望找到一种个人的方式来改造自然，他坦言自己的艺术观："方法源于跟自然的接触，随境遇而发展，它的形成源于个人的感受、审美观，以及由此构成的表现过程。"

塞尚作品不是从一个视点观察事物的印象，而是把从不同视点游动观看，而获得的综合印象整合起来予以呈现。他认为人的两只眼睛是在不停转动着来观察事物，在过程中会产生晃动和移位，这就造成了有别于静止状态观看的视觉变化。在他晚年创作的大量风景以及静物作品中，我们可以看到，塞尚刻意限制或压缩了一些物体之间的深度，使画面产生某种程度的平面感，他将这种画面空间从三维向二维视觉转化的表现手法称之为"过渡"。由于运用了这种表现手法，远处和近处物体之间的距离被拉近，物象的前后关系被挤压在一起，产生冲突，使得画面充满了内在的凝聚力。由此创造出画面空间的新秩序，使作品的视觉感受具有与众不同的震撼力。就像意大利美术史家文杜里的评价："把空间画得几乎压实了一样"，塞尚的画"赋予事物永恒不变感的一种综合"。

也可以理解为，塞尚作品创造的意境，体现了人的"理性逻辑认识"与"主观情感色彩"之间的结合，这是由艺术家各种体验形成的一种绘画本身的真实。

塞尚并不认为固定的焦点透视是空间表达的唯一法则。在《圣维克多山》作品中（图1-3），画家通过远景的地平线和近景山坡，将画面空间分为三个单元，自下而上依次平行排列。这样一来，画面形象进入观者的视觉，就不再依据现实中的前后位置关系，由近及远地呈现，而是成为人视觉自由选择的结果。

又如，在《比贝卢采石场》中（图1-4），画家忽略了现实中的物象空间关系，根据直觉和画面需要，自由地将前后物象放置在画面特定的空间位置。打破人们视觉习惯的前景和后景次序，让前景、后景成为同等重要的空

图1-3　塞尚《圣·维克多山》

图1-4　塞尚《比贝卢采石场》

间角色。首先，让空间关系处于前后矛盾的对比冲突中，然后，再寻求内在的统一，这似乎在赋予画面一种可以独立思考的精神因素。

　　这种空间处理方式，一方面恢复了形体的实在性，增添了画面在平面维度上的构成意味；另一方面，画面效果又不是完全的平面化图像，仍然有空间感存在。在他许多风景画中，这种三维的空间幻想和二维的平面构成意味，相互交织的效果，丰富了艺术欣赏的视觉感受。这一创造的高明之处在于：它剥去了人在现实生活中看到的自然物象一些无关紧要的枝节问题，旨在重建一种作为独立存在的绘画景致。比起传统绘画追求描绘现实世界的空间真实感，塞尚这种空间处理方式更具有绘画性的意义，也开辟了更为纯粹的绘画表现领域。

（3）"物象结构"与"画面结构"

这里说的"结构"是指作品表现中，不同形体间相互排列和组合的一种关系，是产生形式趣味的重要因素。塞尚绘画的"结构"包括两个部分："物象结构"指物体本身的形体构造，也即是物象造型中蕴含着圆锥体、球体、圆柱体等形体相互组合的内在规律；还有"画面结构"，指画面布局中各种形式元素相互关联与影响，所形成的画面构成关系。画面结构能够产生一种有联系、有秩序的整体视觉感，使得艺术形象得以充分呈现。

塞尚绘画观念不再是追求对视觉真实的模仿，而是从画面自身需要出发，来探求画面内在的稳定结构，以此建立画面表现的和谐秩序。因而，塞尚绘画观念的"结构意识"和传统绘画讲求的"画面构图"，两者具有根本的不同。

塞尚理解的物象结构或者画面结构，不是随意地拼合，而是按照一定逻辑和理性来完成。他表述过这样的观点：人的知觉生来就是混乱的，但是，艺术家一定能够使这种混乱变成有条不紊的秩序，而艺术创造从根本上来说，"就是在视觉范围内获得这种有结构的秩序。"

简明扼要地讲，塞尚的意图在于建立一个与自然秩序相呼应的艺术的秩序。

但是，在造型过程中，物象结构和画面结构之间往往是有矛盾的。面对这种矛盾就需要"察觉存在于大量关系中的和谐，并通过依据一种独创的新逻辑来发展这些关系，把他们转化为一个人自身的系统。"也就是说，自然世界中存在的物象，一个苹果、一个水罐等，它们都有相对单纯的物象结构，艺术家一旦把这些物象从自然世界的环境，转移到画面的环境，在这个新环境中，就不再是单纯的物象结构的组合，而需要对诸多形体之间的相互作用关系，进行不断地调节。这是一个造型分析和研究的过程，艺术家通过这一过程，最终实现一种有意义的视觉体验。

为了让各种画面元素服从于整体的视觉秩序感，就需要在每一作品中，寻找到协调的画面关系。塞尚把物象结构作为调动视觉形式感的处理手段，而不惜破坏画面中实物真实造型的完整性。由于他运用移动视点去观察对象的方法，这样在画面处理过程中，造型就变得更加主动和自由，打破了人们视觉习惯中的图像理解模式，使得造型研究有了进一步综合处理的多种可能。我们看塞尚作品，画面的"房子、家具、罐子、桌面……"往往是变形的，形体上出现了轮廓线的错位、叠加和并置，经过这样处理后的形体元素，它们之间形成了一种新的结构关系，相互呼应、浑然一体，在共同的画面结构中和谐、生动地存在着。这种独特的结构样式，使得画面变得坚实有力，而且有一种不可移动的稳定感。

　　塞尚作画总是执着地关注眼前的对象，目的是在寻找所有物象要素相互之间的某种内在联系，这种关系是画面构成的基础。在《有水果篮的静物》作品中（图1-5），如果仔细分析就发现：水罐口是从上至下的俯视，篮子却是从侧面观看的，因为视点的不统一，各个物象结构均产生了不同程度的错位、变形。摆放水果的桌子左右两端不在一条直线上，篮子底部和桌面并不在一个平面上，罐子口和底部的上下透视弧度也是扭曲的。但是，画面正是在这些有悖于焦点透视习惯而出现的逻辑"错误"中，不断地变化、协调，最终将"物象结构"和"画面结构"完整地统一起来。

图1-5　塞尚《有水果篮的静物》

图1-6　普桑《台阶上的圣母》

　　《有水果篮的静物》这幅画，从正上方至下方桌子的两角，显示出明显的三角形构成结构，它和普桑《台阶上的圣母》作品中的所谓"普桑式的结构形式"[1]十分接近，都具有对称平衡、连贯整一的共同特征（图1-6）。这显示出塞尚对古典绘画的造型观念的继承，在处理复杂造型关系时，忽略个别和偶然的细节，追求艺术表现的内在力度和永恒性。

　　塞尚对画面造型有着过人的控制力，通过把握物象结构和画面结构的彼此协调，营造出一种强烈的视觉秩序感。《静物、苹果和桃子》作品中（图1-7），我们可以明显体会到这种牢不可破的内在秩序，似乎移动画面中任何一只物件，就会"牵一发动全身"地打破整幅画面。之所以如此，我们分析画面就可以看到：由桌面、帷幔把画面分割成为若干的体面，这些体面紧密地咬合在一起，你中有我、我中有你，画面中的任何一个元素都被安排在形式结构中的恰当位置。

　　这里，塞尚表现的并非是物象本身的自然美，而是在创造画面自身的结构力与生命力。利用创造物象形式和空间组合的新图式，实现他通过"改造自然"来描绘"心灵作品"的造型目的。

① @知识链接：尼古拉斯·普桑（1594-1665）法国画家。作品多为神话、历史题材。画风明朗典雅，人物造型端庄而和谐，富有雕塑的形体美。他是古典主义绘画最著名的代表人物之一。

图1-7　塞尚《静物、苹果和桃子》

4. 开启现代主义艺术的创新之路

塞尚晚年曾经给朋友说："我来得太早，我属于你们年轻一代"。在生前，他的艺术并不被许多同时代的人所理解，但是身后，塞尚的艺术却被新一代艺术家看作是绘画新纪元的曙光。

克莱夫·贝尔评价："塞尚发现了方法和形式，揭示了一连串无人能够窥测其底的可能性。他的方法成就了千千万万的艺术家。"从根本上说，塞尚的艺术观念，使造型元素脱离了对自然物象的依附，具有了独立的造型审美意义，从而启发了后来的艺术家自由地运用纯形式的造型方法，创造出更加丰富的视觉世界。塞尚的造型观念经由野兽派、立体主义的实践和深入，一直推向抽象主义，成为现代主义美术重要的理论基础，开启了现代艺术的形式主义美学之先河。

野兽派是在后印象派之后的现代主义艺术流派。画家们继承了后印象派艺术家如塞尚、凡·高、高更等人的艺术探索，在创作理念上进一步推进。野兽派代表画家马蒂斯，受到塞尚艺术观念的影响，从中找到艺术突破的方向。他吸取了塞尚艺术的形体处理方法，运用充满自我表现的线条和色彩表达强烈的主观情感。如果把马蒂斯不同时期的女人体作品和塞尚的《浴女》作品进行比较（图1-8），可以清晰地看到其中造型观念延续和发展的脉络。

野兽派之后，以毕加索为代表的立体主义艺术家，从塞尚"要用圆柱体、球体、圆锥体来表现自然"的观念中得到启迪。他们开始了艺术创造中

图1-8　塞尚《浴女》(a)、马蒂斯"人体"(b-d)作品（从"立体""平面"到"装饰"的不同风格）

主体性价值意识的觉醒，对塞尚强调艺术理性的思维逻辑进一步深入。受塞尚移动视点所开创的多面性视觉形式的启发，立体主义者彻底地否定了从一个固定视点来观察和表现事物的方法，把从不同视点所观察和理解的"形"，重构在同一画面上，表现出视觉观看的时间连续性（图1-9）。立体主义者创造的这种重构方式，打破了物象自身的既有结构，完全改变了以往视觉艺术的原始内容和表现形式，形成一种更为生动、丰富的视觉语言。立体主义艺术思潮作为一种新方法、新观念，也培育或衍生了日后许多重要的艺术运动。

图1-9　毕加索的作品、阿恩海姆《艺术与视知觉》图示

　　20世纪初期抽象主义艺术诞生，画家们吸收了以塞尚艺术为基础的立体主义艺术观念的因素，进行更为纯粹的形式创新。抽象主义艺术的开创者康定斯基提出："把造型要素真正回归到概念的本身"，以表现绝对的自我精神作为艺术之目的。他的绘画切断了艺术形象与自然物象之间的最后联系，大量运用纯形式的三角形、方形、圆形等符号，画面走向纯粹的"点、线、面"组合。概括抽象主义艺术的价值观念，用另一位代表画家蒙德里安的话说，"新造型绘画的巨大力量，已经由造型这个词的本身得到必要的证明。"

　　可以看到，这些现代艺术的全新造型观念背后，都离不开塞尚艺术理念所提供的奠基意义和开创性贡献。

　　总结西方现代主义艺术造型观念的发展历程，塞尚经过毕生的努力，认识到造型具有的独立性价值，以此为突破，奠定了现代主义美术的思想基石，为马蒂斯、毕加索、康定斯基等一批艺术家，提供了艺术创新的重要理论依据。可以说，塞尚艺术的造型原理，是现代主义诸多艺术表现风格中，一以贯之又相互衔接的根本联系（图1-10、图1-11）。

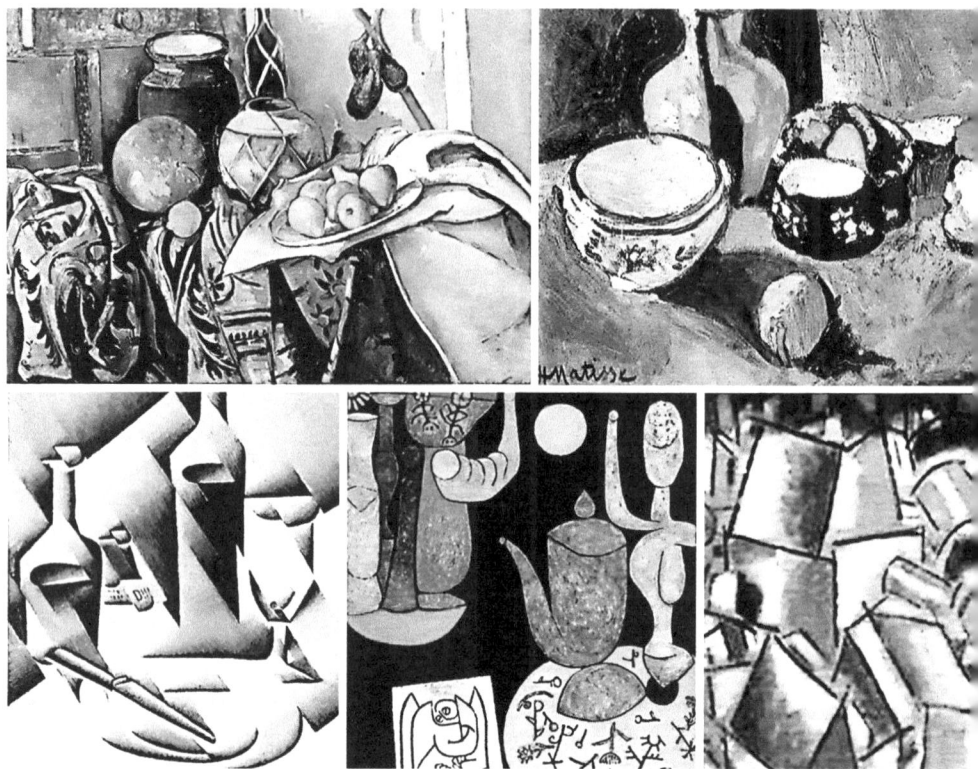

图1-10　塞尚、马蒂斯、格里斯、克利、莱热作品风格对比

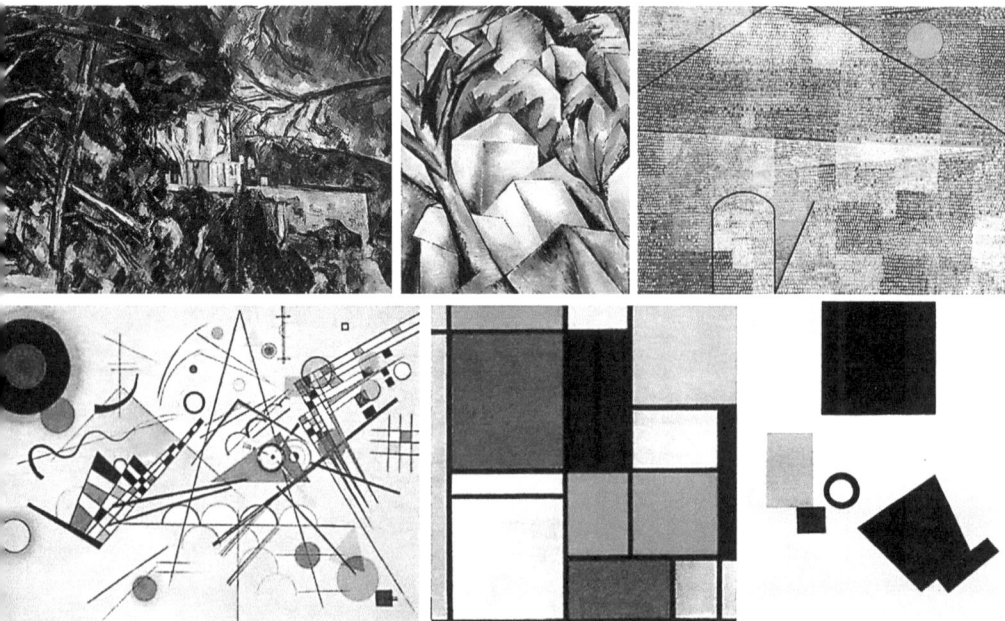

图1-11　塞尚、勃拉克、克利、康定斯基、蒙德里安、马列维奇作品风格对比

第二节　塞尚造型观念对今天的启示

如何培养具有现代审美品质的造型观念，以适应当代人丰富的情感需求和不断发展的艺术想象力？通过对塞尚造型观念的理解，可以帮助我们解开现代主义艺术造型创新的奥秘，这会对我们在艺术创作和艺术设计中，开拓创新思维，革新造型语言，提供有益的启发和借鉴。

塞尚艺术观念对我们的启示是多方面的。首先，如何在造型基础训练中加强抽象造型意识的培养？从具体事物中发现有意味的形式元素。

塞尚强调"以形体认识来感觉我们所看到的一切"，作品追求"坚固的画面结构"。他以自然物象中获得的具体感性材料为基础，发现了造型的独立性意义。独立的艺术实践使他对"形体""空间""结构""造型"等问题的思考，更为清晰和完整，从而启迪了现代形式主义美学的产生，这是塞尚作品现代性价值的重要内涵。

对学生的抽象造型意识的培养，一直是我们传统的美术教学中比较薄弱的环节。在很长时期中，国内美术院校教学主张"素描是一切造型艺术的基础"（这里说的素描指具象表现的写实素描），认为只要具备了扎实的写实功底，就可以自然而然地掌握包括抽象表现在内的综合造型能力。当然，这是一种比较片面的理解，忽略了不同造型方法在观念认识和训练方法上的差异。由于抽象造型思维的缺失，影响了我们对现代艺术多样风格的理解，也制约了艺术实践中的创造观念。

本书重点是以"抽象造型"和"形式美感"训练为核心，在教学实践中培养多元化的综合造型能力。例如，从客观物象中提炼抽象的造型元素，运用形体转换、解构重构、形式简化等方法，来完成一个抽象造型（半抽象造型）或者图形创意，培养学生全面的专业素养。

另外，塞尚造型观念给我们的启示就是从基本的造型原理出发，探索艺术语言的创新。所谓更新造型观念，追求艺术语言的丰富性，首先要具备宽阔的艺术视野，对古今中外、不同民族的传统和现代的艺术形式，进行较为全面的了解。尤其在今天，现代文化已经渗透人们生活的方方面面，中国人对西方艺术不再感到新奇与陌生，对西方现代艺术的内涵价值逐渐有更多的理智认识。这些都影响了中国当代文化的综合性和现代性品质。

纵观西方现代主义美术的发展，特别是在形式主义美学的艺术系谱中，总是紧紧围绕着对造型语言本体的探讨，各个艺术流派的不断实践，一次次推动了造型观念革新。怎样认识这种艺术观念的演变？对此，如果我们只停留在对作品表面风格的关注，对艺术家在造型原理方面的理性研究缺乏深入理解，这显然是不足的。通过分析塞尚艺术观念，我们可以知道塞尚和现代主义艺术家的造型创新，不是仅凭胆量和灵感就可以产生的，其艺术语言风格背后是他们对基本造型原理的严密思考与推演。所以，如果忽略了这方面分析理解，对现代主义美术的认识就只是片面的，难以获得更有深度的启示。

　　回到当代生活中，在我们身边充满着各种各样"招贴广告""公共雕塑""logo设计"等现代文化标记，从中分析不难发现这些造型设计简洁而清晰的基本造型原理（图1-12）。其造型思路：从客观物象中提炼出自然形、几何形等造型元素，然后进行了拼接、缠绕等结构处理，创造出富有现代审美意味的视觉形式。在这些作品中，无论是表现自然界中的人或物，其所具备的"自然属性"被消解，取而代之的是不同形体造型所呈现出的"形式意味"，我们也很容易把它们和塞尚艺术观念联系起来。

　　在这组当代中国艺术家的作品中（图1-13），艺术家不同程度地吸取了现代主义艺术的形式语言手法。虽然这些作品的内容主题、材料媒介各异，但都体现出对造型本体价值的强烈关注。比如，姜宝林作品运用几何形组合产生的形式美；王迎春作品借鉴立体主义手法，画面突出了体、面的构成意

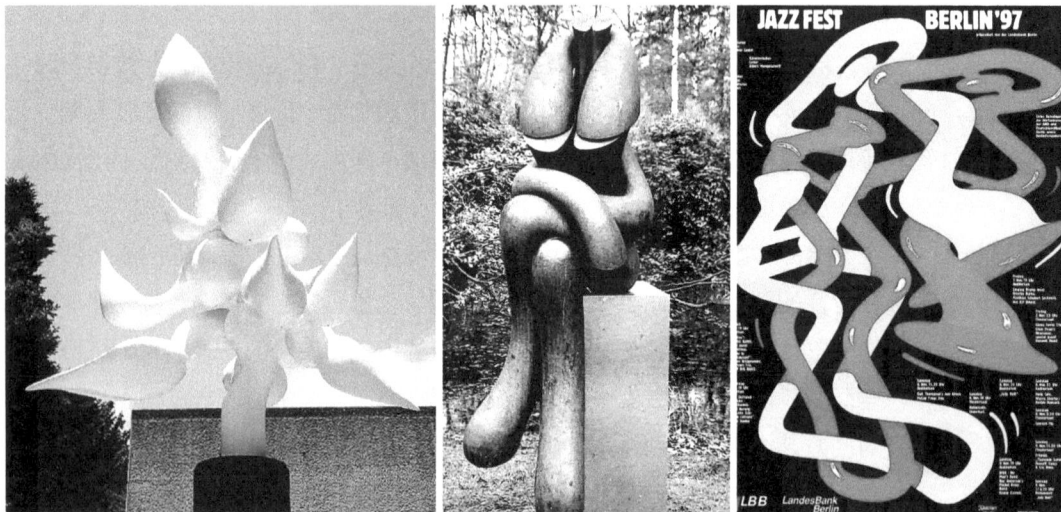

图1-12　国外艺术家的公共艺术作品

味；韦尔申作品通过对人物造型的形体化归纳，渲染出独特的个人情绪色彩……这些艺术作品的语言探索，具有鲜明的时代性。当然，这类作品风格的出现离不开20世纪后期，中国社会兴起的中西文化交融的历史契机。

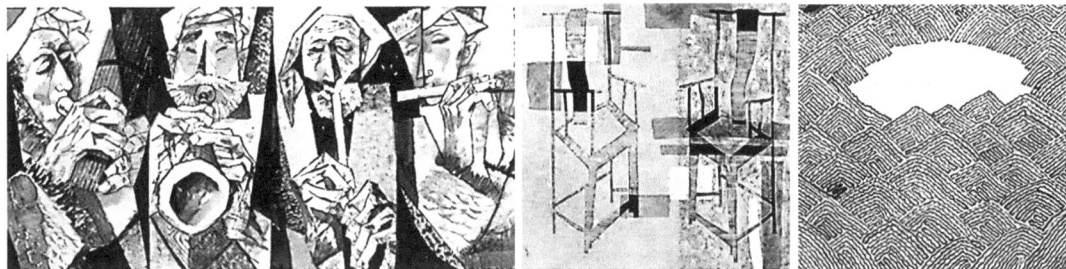

王迎春《农乐手》　　　　　　　　　王怀庆《相对有声》　　　　　　　　姜宝林《山水》

苏笑柏《三十八块绿牌》　　　　　　杜大恺《山水》　　　　　　　　　　韦尔申《麦田守望》

图1-13　当代中国艺术家的绘画作品（局部）

小结

培养造型创新思维、寻求艺术语言多样化，是当前美术造型基础教学中比较关注的课题。本节我们重点分析了塞尚的造型观念，希望启发大家在接下来的课程学习中，对现代艺术有更深入理解，开阔知识视野。同时，我们的教程思路强调和现代艺术观念的衔接，借鉴它们的艺术理论，建立一套系统性、逻辑性和有效性的学习方法。课程目的：从认识造型基础原理出发，进行课程练习的发散和推进，让同学们掌握造型表现的规律和方法，培养富有创造性和想象力的造型意识。使造型基础的训练课程跟上时代节奏，并且具有一定的专业适应性。

第二章：
造型观念的
理解与培养

总论：重新认识素描

　　谈到"素描"相信大家都不会陌生，毫不夸张地说：只要从事和美术相关的学习或工作，就离不开素描。

　　这里先讲些概念知识，希望加深大家对课程学习的理解。我们主要谈对"素描"的新认识。中文《辞海》给素描的基本定义："单以黑色描写，不加色彩之画。如墨笔画、钢笔画、木炭画，统称素描"。这是对素描比较普遍的一种解释，但是，把素描仅定义为"单色画"，这个说法并不合适，因为失之简单化了。

1. "苏式素描""德式素描"

　　现代美术教育中的"素描"概念是一种外来语（原词是英文Drawing）。在19世纪末，中国开始兴办新式的学堂，正式列入图画课的教学内容，这也成为中国艺术教育发展史的新起点。

　　国内的素描教学，在20世纪前期主要是采用从日本传入"东洋化"的欧洲素描，后来，来自法国的"正统"欧洲素描也传入中国。这种欧洲素描教学法，沿用了文艺复兴后的古典绘画传统，在之后的几个世纪里也被世界各地广泛使用。20世纪50年代后，全国美术教学全面推行来自苏联的"苏式素描"，其代表就是所谓的"契斯恰柯夫素描体系"①。20世纪80年代后，国内也出现了从德国传入的"德式素描"技法，它以弱化明暗塑造，注重造型结构的表现为特征。"苏式素描""德式素描"是国内素描教学的两种主要方法，相比之下，"苏式素描"教学体系占据着较为主导的地位，它的影响一直延续至今。

2. 素描不只培养"写实"能力

　　传统素描教学如苏式的"全因素素描"模式，它主张用写实的手法，对造型的比例、结构、明暗、色调、空间等诸

① @知识链接：契斯恰柯夫，苏联著名的美术教育家。契斯恰柯夫素描教学法，主张"全因素描"模式，强调素描就是表现"艺术中最刚强、坚实、稳固和崇高的东西"。这种方法虽然有较多的理论根据并形成了较完整的体系，但也有评论认为它训练过于死板，会伤害画者艺术体验的新鲜感觉。

多因素做整体观察和全面表现，反映客观物象的形象特征。在现代艺术多元发展的时代背景下，这种素描观念也受到一些质疑。由此人们不断对素描做进一步解释，对素描训练方法进行更多的探索。

传统素描训练的基本目的就是培养写实能力。这种单一化的教学已经不能适应艺术设计、现代绘画、多媒体等课程的要求，如果素描教学不能培养和启发学生的综合造型能力和创新性思维，自然它作为"造型基础"的意义也会大打折扣，这也就容易出现造型基础课和专业课之间的知识脱节。

3. 现代素描："素描更需要创意"

从艺术史角度，素描可以说是人类最早的绘画表达方式。史前文明时代的欧洲洞岩壁画、中国远古时代的陶器彩绘，都可以视为最早的"素描"遗迹。

素描作为视觉艺术表达的母语，贯穿于人类文化的不同历史时期。我们对素描的认识，对素描方法的掌握，不能局限在某个时间范围。如果把素描视为一种艺术语言衍变的图式表，它的样式融入所有艺术流派和风格之中。不同艺术流派，因为造型理论的主张不同，也派生相应的观察方法和表现技法，产生出新的作品形式。所以，随着我们艺术眼界的增长，也许你会不断发现：素描原来也可以这样画！

谈一谈现代艺术观念理解的素描。现代素描的完整概念体系包括：造型理论、思维方法、观察方法与表现技法的几大部分。这其中我们认识转变的关键点——"素描更需要创意"，也即强调素描不只是训练绘画技法，还在于培养艺术思维。我们通过现代素描的训练可以转换造型意识，寻找每个人造型能力和审美倾向的不同生长点。

4. 素描："关于造型意图的整理与实现"

法国国家现代博物馆馆长让·可莱尔认为素描代表了一种意图，人们企图用视觉形象的方式来表达心中孕育的一种诉求，"想在自己与看到的事物间架起一座桥梁，希望在人与外部世界之间谋求一种默契的同谋关系，找到一种共同语言，由于这一层与外部世界的密切关系，素描就必须紧密联系实际，并按照自身的需要创造一些新的表现方式。"

这段话包含了对素描意义的重新理解。自19世纪末叶现代主义艺术诞生，人们在艺术领域的探索进一步活跃，各种艺术观念随之在社会传播，完成了自古典主义以来西方现代文化的一场革命。进入当代，人们艺术实践的边界更为开阔，虽然现代主义艺术已经不能称为"前卫艺术"，但是因为经历了时代洗礼，现代主义艺术价值得到更多人的理解，其造型观念成为我们艺术借鉴的重要资源。本书讲授的造型训练，就是吸取现代艺术的成果，通过研究它们的造型观念，来建立一套多元的造型基础训练方法。这种综合造型训练从立体空间过渡到平面空间，同时兼顾具象、抽象等不同的艺术表现形式。

本书的造型教学也是对传统素描教学的一种丰富和补充。传统素描训练强调画面各种关系的对比与联系，突出画面表现的深入性和整体性等方法，这些艺术原则体现的辩证思维既适用于写实造型训练，也适用于抽象造型训练。也就是说两者训练目的虽然各有侧重，但却可以找到内在联系。这样，我们就不难理解为什么毕加索、康定斯基等人，早期都经历了古典的写实绘画训练，但后来依然成为现代主义绘画大师。

总之，如何理解现代意义的"素描"？如前面所说，如果仅把素描定义为"单色画"，这就失之简单化了。本书把素描定义为："关于造型意图的整理与实现"，那么素描的方式就不见得一定是单色，也可以延伸到色彩、综合材料等不同形式。

5. 设计素描：从绘画到设计的桥梁

一般习惯中，把面向设计艺术学科的素描课程称为设计素描。这种教学过程中强调发挥学生的主动性和想象力，注重创新思维和创造意识的培养。设计素描的重点不仅要训练学生的造型表现技巧，还要积极引导造型设计的创意，这些素质都是造就一个出色设计艺术家的起点。

近些年随着现代设计艺术的蓬勃发展，国内院校的设计教学取得了很大进展。设计素描首先要适应学科需要，设置教学内容，调整教学方法。相对而言，今天在国内的所谓纯艺术领域，传统的写实性艺术依然占据主导；而由于学科自身特点，在艺术设计领域则更为注重艺术形式表达，所以在教学中对学生进行抽象表现、形式构成……这些能力的培养，就显得格外重要。

本书的教程设计体现了开放性和多层面内容，比如：形的透视、形体转换、解构重构、立体造型、平面造型、抽象表现、具象表现主义和超现实主义形式、综合材料等课程。这种造型训练包括了一般所说的设计素描，它对丰富绘画、雕塑等纯艺术专业的造型语言也是适用的。

6. 手绘能力还有必要吗?

今天因为计算机技术日益发达，不断推出各种图像处理软件，使艺术设计变得方便而快捷，不再要求设计人员具有扎实的美术基础，而电脑操作能力则成为从业者的重要素质。

那么，有人不禁要问：我们课堂训练的手绘能力的意义何在呢?

首先，作为专业设计师，应具备快速、准确地表达视觉图像的能力，因此徒手手绘技巧是从事设计工作的开端。徒手绘画完成的设计草图，往往是表达设计师构想的最初形式，良好的徒手绘图能力可以使心手同步，及时地呈现、记录和整理作者的设计思路。同时，徒手绘图也是实现设计师与客户之间交流沟通最快捷的方式。因此，对于设计专业学生而言，具有良好的徒手作画能力，这是一种必要的专业素养。

其次，现代的工业化社会到处充满"机械性"的制作，随之也引起人们的心理对抗，所以在现代艺术设计中强调要有"人"的痕迹，手绘效果成为新时尚。我们教学中的徒手绘画练习，不仅是对基础造型能力的培养，也可以把每一份作业的过程，看作是对设计艺术语言表达的一种探索。

再者，纵观现代艺术的发展，设计艺术品和纯艺术作品，它们的造型观念有许多是相通的。在包豪斯学院时期，设计课的教师康定斯基、保罗·克利、费宁格等人也都是20世纪公认的绘画大师，对这些人来说，艺术家和设计师两种身份并没有截然的分野，当然教学中也不存在"设计艺术的造型"与"纯艺术的造型"这两种能力训练的区别。因此，在我们造型教学中培养的审美能力和艺术修养，都可以融会贯通到设计专业课的学习中，这对拓宽同学们的设计思路，提升设计作品的人文内涵，具有积极的意义。

第三章：
立体空间的
造型创意

第一节　具象表现："形"的透视与塑造

关于"形"的透视问题，它和我们美术造型训练关系密切的内容有两方面，即"形体透视"和"平面形透视"（例如圆形在不同观察角度下，所产生的透视形变）。在此主要从形体的透视练习开始。这里说的透视是从一个固定视点观察对象的焦点透视法，练习要求用写实手法来表现物体的造型特征。

一、在"平面"表现"立体"

1. 焦点透视：再现人的视觉规律

本节的透视练习作业，要求以线表现为主，忽略具体环境中的明暗变化，也不需要考虑物象的外形质感、固有色等特征。重点是要突出形体造型的组合规律以及比例关系。

焦点透视法是基于人眼的视觉习惯，在二维的平面媒介上（如画纸、画板、墙面）塑造三维空间幻象的造型方法。通过这种透视法的处理，物体造型的比例关系和空间位置，都会发生近大远小、近实远虚等一系列变化，使画面形象产生视觉上的真实感。焦点透视法以一个固定视点进行观察为前提，由于视点和水平线的位置关系不同，人的视线会产生不同的交点（灭点），即出现我们常说的"单点透视""两点透视""三点透视"规律。一般来说，单点透视较多应用在室内设计中（图3-1），两点透视的应用最为普遍（图3-2），三点透视常用于表现场景的仰视或鸟瞰效果（图3-3）。

还需要说明，对实际中人的视觉感知而言，三点透视的视觉效果一般是出现在大场景中，比如从地面仰视摩天大楼或从高空向下鸟瞰，但如果在画室写生石膏立方体，即便是俯视（或者仰视），也依然是"两点透视"，人的视觉上并不能明显地感觉到上大下小（或者下大上小）的"三点透视"效果。

在作业练习中，只有理解透视法的规律，才能准确表现物体的结构特征，塑造出三维空间中的立体感。当然，透视的方法是多样的，除了这里讲的焦点透视法，还有投影透视、机械透视、散点透视等，这些不同概念具有各自的内涵和适用范围。

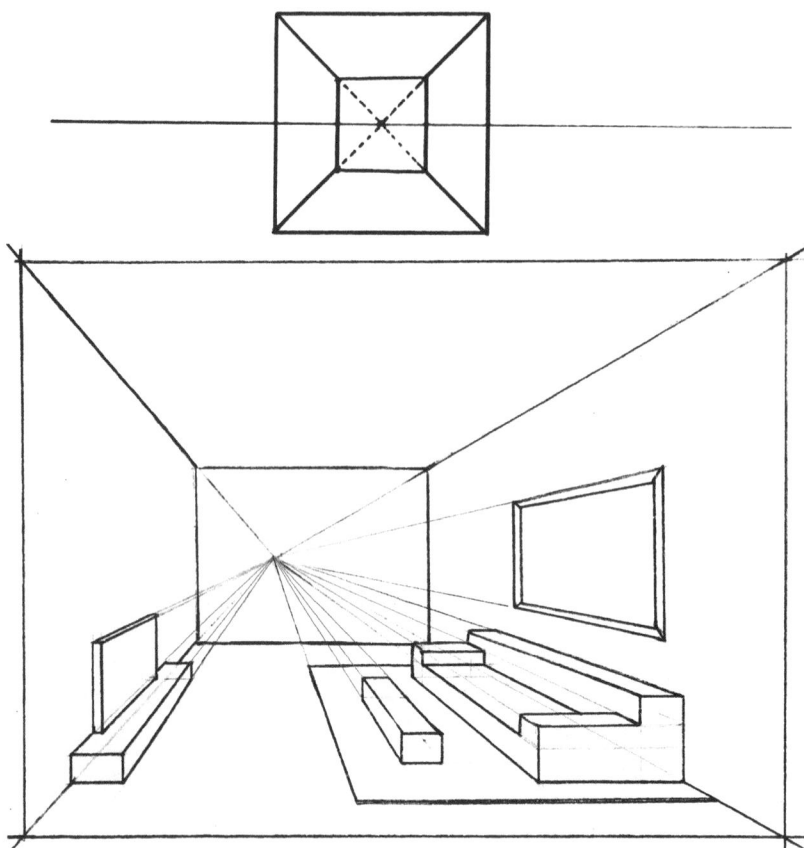

图3-1　单点透视原理及应用

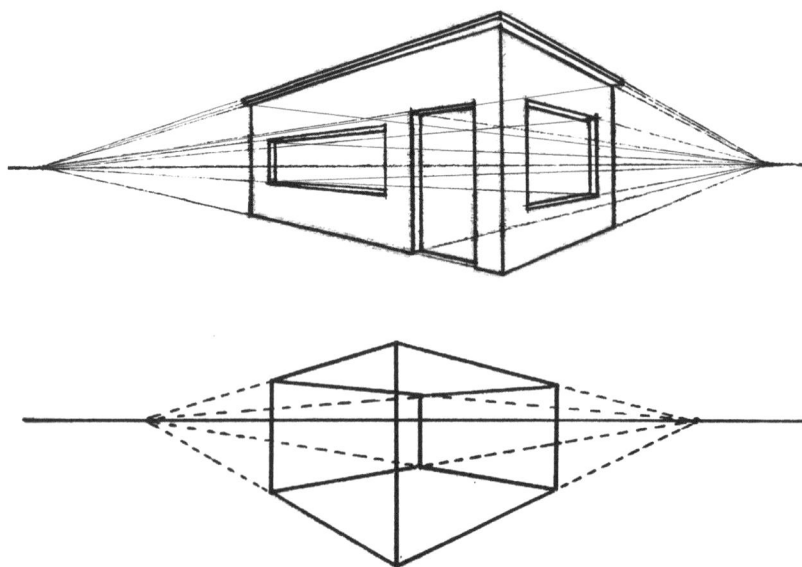

图3-2　两点透视原理及应用

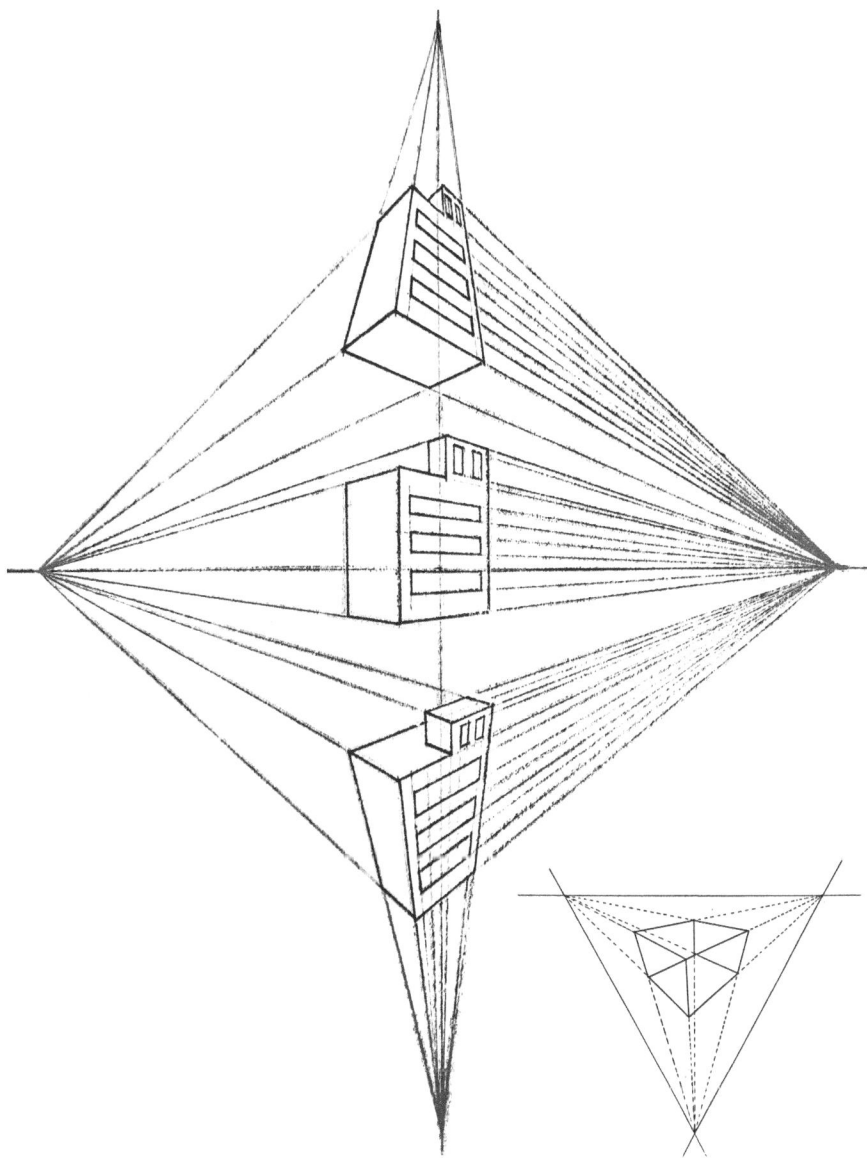

图3-3　三点透视原理及应用

2．物象的"外部特征"与"内部结构"

　　物象的外部特征是由其内部不同形体的组合而产生的。这种内部的形体组合不能只凭眼睛观察，而需要对形体造型规律有所认识，进行理性分析才能理解。即从眼睛看得见的"外部特征"，推演出眼睛看不见的"内部结构"（图3-4、图3-5）。

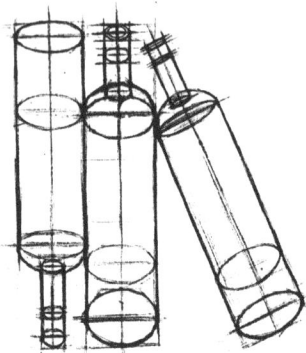

图3-4 "外部特征"与"内部结构"1

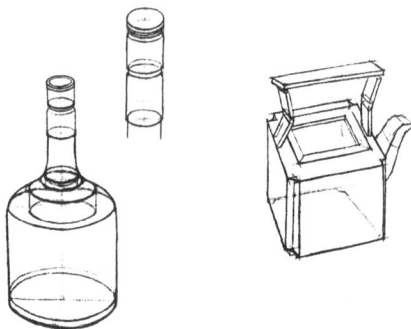

图3-5 "外部特征"与"内部结构"2

二、观察·理解·表达

用线造型的方法表现物象的形体构造和透视规律，包括了"观察""理解""表达"的思维过程。我们的课程训练，先对复杂物象造型进行简单的几何形体概括，再进入到主观的艺术表现。这样先易后难、逐次推进。

1. 形体的分析与概括

形体造型练习的前提，就是学会从"形体"的角度来认识造型，对一个具体物象进行形体的分析与概括。

我们每一个练习先要清楚学习目的。这张作业（图3-6）是"形体的分析与概括"训练，观察现实中的物体，它们往往有复杂的细节变化，作业练习要强调对其造型规律的分析理解，进而对形体关系进行概括、提炼的艺术处理，而不能面面俱到，事无巨细。线型表现要有所变化，区分线的粗细、强弱、主次、虚实等。物体主要的外部特征要表现得强烈一些，物体内部的形体组合关系，一般要画虚形成对比。

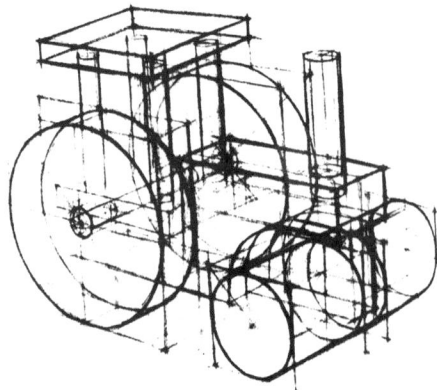

图3-6 巴塞尔设计学院　学生作业1

2. 学会运用辅助线

面对一个物体，先要进行从大到小，从整体到局部的观察和分析，才能够把握形体结构的内外关系。在作画过程中，往往需要借助一些辅助线，如水平线、垂直线、倾斜线等，进行反复对比和测试。这是理解形体透视和造型规律的有效手段（图3-7）。

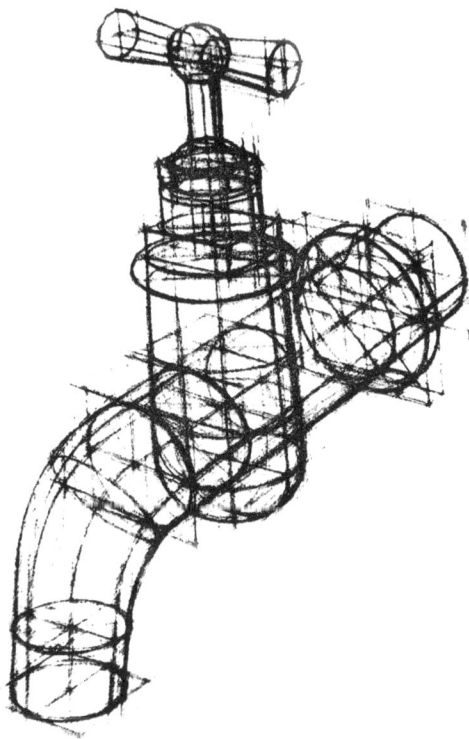

图3-7　巴塞尔设计学院　学生作业2

三、"形体理解"和"造型推演"

对于一名设计师来说，从构想到作品完成的过程，造型想象力尤为重要。所以在教学中，我们会强调"形体理解"和"造型推演"，两者相辅相成。这种能力的培养对日后从事专业设计工作很有帮助。这一阶段我们的教学目的不是纯粹的写实训练，所以练习过程中，可以对形体造型特征进行强化，加入主观性的艺术处理。

　　下面是一组课堂学生作业，通过实物和作业的对照，会进一步加深我们对这方面练习的理解。

1. 青铜立人

　　作业通过写生"青铜立人"静物，主要表现形体之间的结构（图3-8、图3-9）。画面淡化了明暗关系的处理，以线造型为主，刻画得比较充分。可以清楚地看到，造型内部构造中包含的方形、棱柱体的转折，组合的关系。对于习惯画明暗调子素描的同学来说，要适应这种线造型为主的表现方法，需要在头脑中转变观念，从观察物象表面的明暗变化，转换到对内在形体造型的关注。

2. 溜冰鞋

　　作者把写生对象"溜冰鞋"，理解为规则的几何形体组合，它们的大小形状不同，有秩序地构成一个有机的整体，甚至连鞋带也不例外。画面带有

图3-8　静物

图3-9　学生作业

图3-10　静物

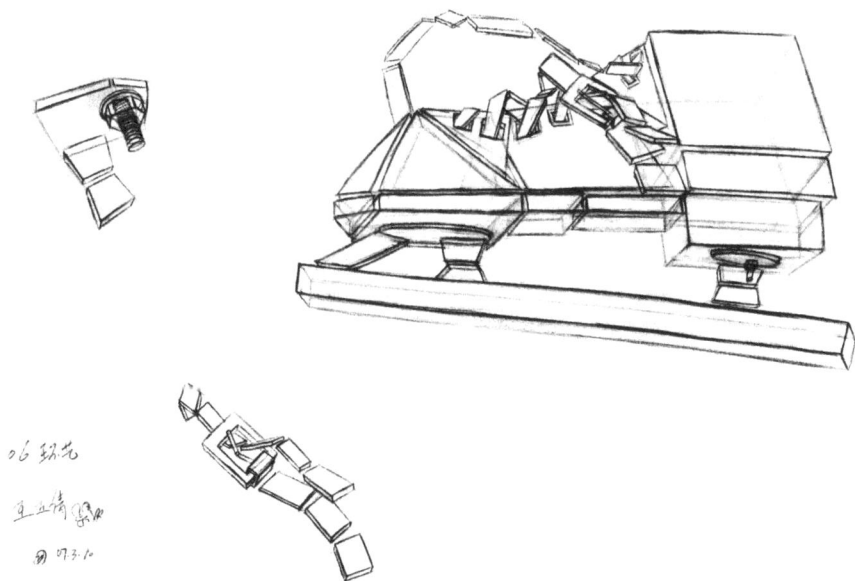

图3-11　学生作业

明显的主观化成分，视觉效果强烈而具有设计意味（图3-10、图3-11）。

3. 电话机

　　这三幅电话机写生作业（图3-12~图3-15），画面的处理方法各不相同，表达了作者主观的分析，又不失物象原有的特征。特别是对话筒和电话线的局部描绘，显示了对形体造型的理性认识过程。因为加入了各人主观理解的因素，电话线不仅可以被转换成圆柱体，还可以被转换成为长方体。画面通过对其横断面表现，清楚地交代了局部细节中的形体转折关系。

图3-12 静物

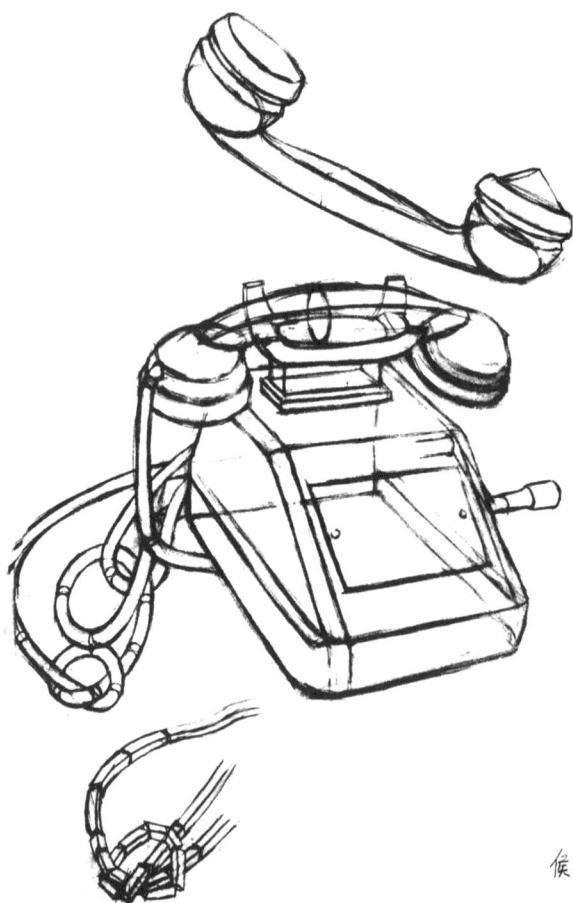

侯大玲

图3-13 学生作业1

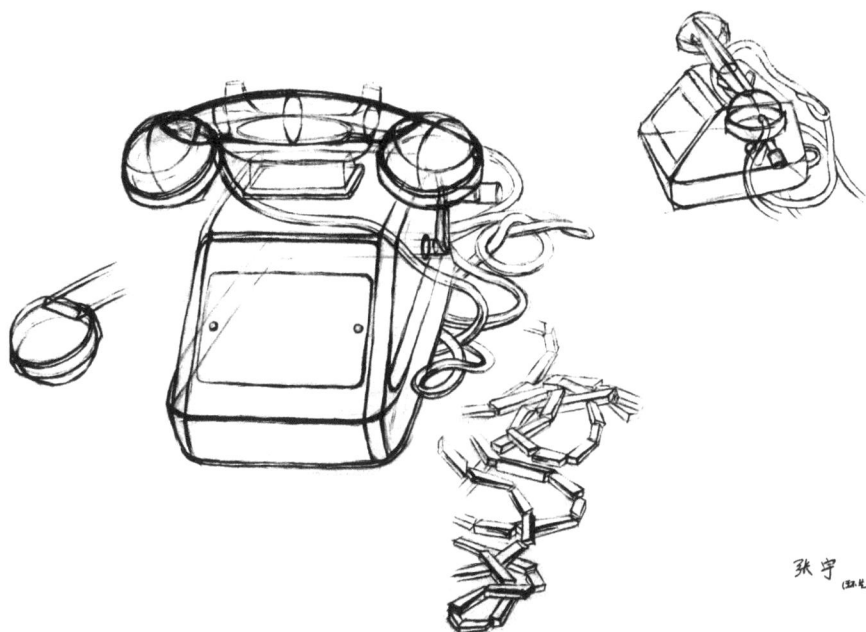

图3-14　学生作业2

图3-15　学生作业3

还有，画面表现中也把电话按键简化成圆柱体，并且夸大了厚度，使形体的构造更为清晰有力。从这些画中给我们的启示：对形体造型的理解，宁可夸大而不要忽略。

4．手枪套

枪套的写生作业（图3-16～图3-19），画面没有完全写实地描绘对象的外形，而是把实物造型转换成形体意识。通过对实物造型的分析与理解，

图3-16 静物

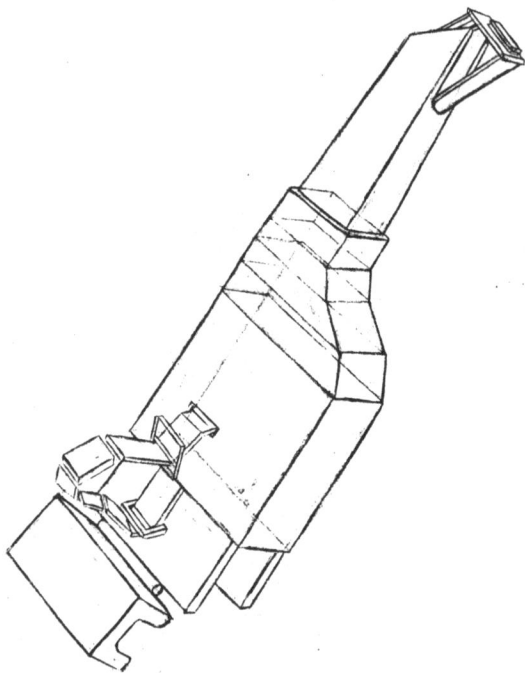

图3-17 学生作业1

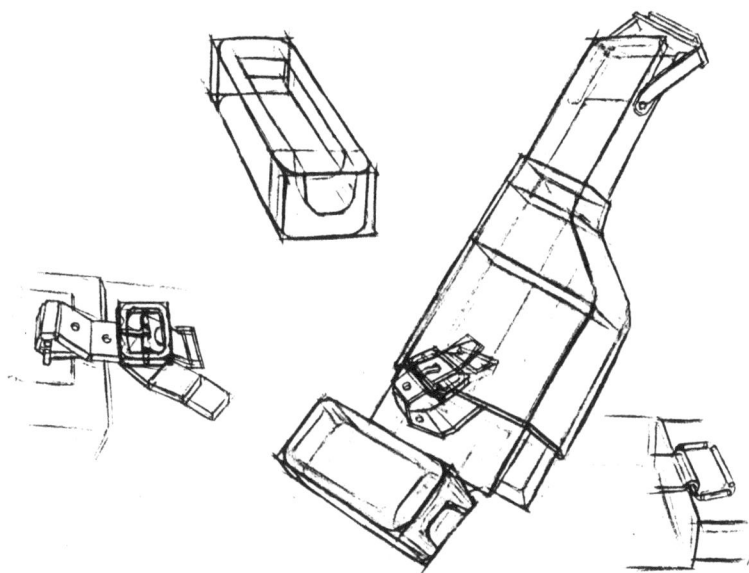

图3-18　学生作业2

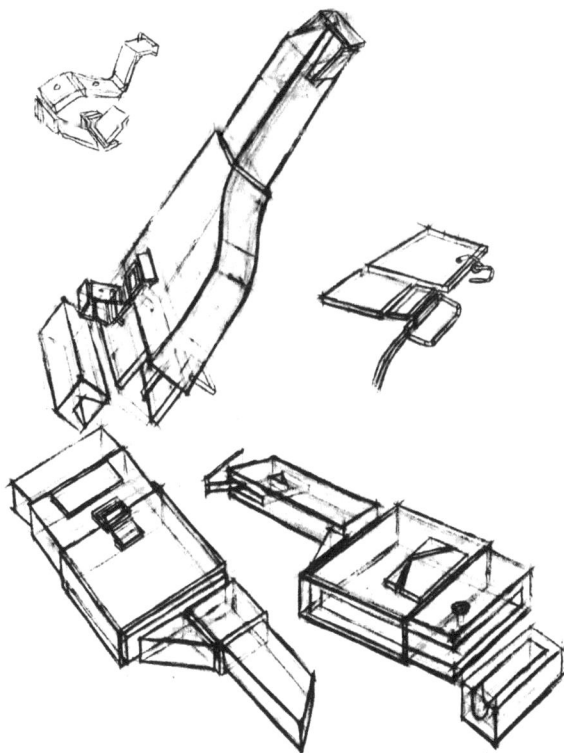

图3-19　学生作业3

加以提炼概括，再进行艺术化表现。这三位同学都抓住了物象造型中具有代表性的特征，作画过程注重在对形体造型规律的主观体验。

5. 陶器牛车

这幅陶器写生（图3-20、图3-21），作者有意识地选取了物象的

图3-20 静物

图3-21 学生作业

一部分，并且强化了形体的特征性。在画面的形体表现中让方的更方、圆的更圆，体现了对形体造型从理解、归纳到强化的认识过程。

6. 青铜炉

"青铜炉"写生作业（图3-22～图3-24），作者有意忽略了实物繁密花纹装饰的描绘，而强化了形体造型的概念。通过对实物特征性加以简化和整理，直接反映出物象的造型本质。

图3-22 静物

图3-23 学生作业1

图3-24 学生作业2

四、作业与练习

本节课的内容，我们可以通过完成以下作业练习，进行深入学习。

1. 作业要求：运用线造型的方法进行写生，准确表现出透视关系，通过分析，理解认识形体造型的规律。作业不能机械地抄摹对象的外形特征，对形体关系要归纳和概括，加入必要的主观处理因素。

2. 作业内容：根据课程的学时和学生绘画基础情况，从下列布置内容中，有选择性地进行训练。

（1）自然形态物，如：水果、蔬菜、动植物标本等。

（2）人造器物，如：石膏像 、电话、台灯、熨斗等。

（3）家具组合，如：桌、椅、沙发、柜子等。

（4）交通工具，如：摩托车、自行车等。

第二节　形体造型原理：基本形和结构方式

19世纪末20世纪初，西方现代主义艺术诞生，人们的艺术观念发生革命。以塞尚为代表的后印象主义艺术家，毕其终生的奋斗从理论到实践开创了现代艺术的新纪元。之后，毕加索、康定斯基、保罗·克利、亨利·摩尔……这些大师相继创造出丰富多彩的艺术成果，成为人类文化中丰厚的宝藏。现代造型艺术思想同样也给现代设计艺术带来了启迪，今天我们看到在现代设计作品中，大量运用了"纯形态"的语言方式，这些就是汲取了现代主义艺术的滋养，把它们的造型观念借鉴到了设计艺术中。

现代主义艺术观念的重要贡献，就是认识造型独立的审美价值，而"形体"造型意识是其艺术观念的重要起点。

这里说的"形体"，不是大千世界中物象的具体个例，而是从它们各自形态中抽象出来，具有某种共同属性的造型元素。同时，本章节强调的"形体"也是空间造型中的体积概念。

在具象的写实艺术表现中，形体的意义是为了把视觉所见的物象特征，准确地再现出来。可以说这时候的"形体"，只是艺术理解的方法和手段，目的是为了表现客观对象的真实性；相对而言，在抽象艺术表现中，作品造型可以是对纯形体的一种表达，它并不需要反映自然物象的特征。这时候强调形体自身的造型价值和审美意义，就成为艺术表现之目的，比如：不同的形体组合会产生有趣味的形式感，这些造型的形式感还会给人以崇高、优美，或舒缓、奔放等心理暗示。这种艺术情感体验和具象的写实艺术所传达的内涵是不同的。

一、造型语素：基本形

基本形是指造型中最基本的形体单位。比如，立方体、圆柱体、圆锥体和球体等。我们对这些基本形进行不同的组合，产生出丰富的造型样式。

下面从几何形体的造型原理开始进行具体分析，体验形体在空间环境中的造型变化。

1."默写""想象"：形体的角度转换

对简单的形体造型作各种角度的转换描绘。所谓"横看成岭侧成峰，远近高低各不同"，这个练习过程，不借助实物写生，不同角度观察的形体变化完全是靠想象的，用默写完成（图3-25）。强化对形体结构和透视法则的理解，掌握其中规律。

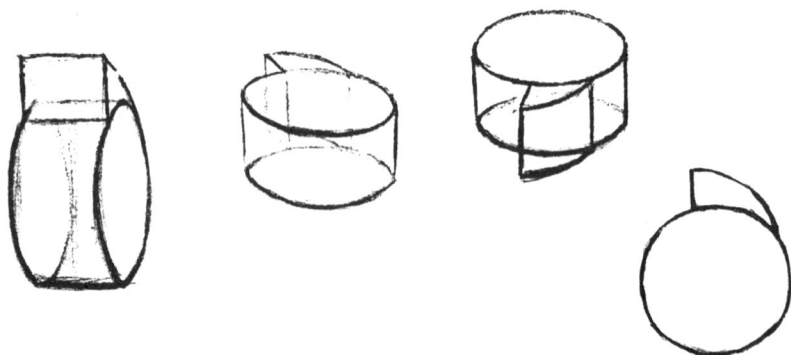

图3-25　形体造型的不同角度转换

2. 形体的分解、演化

对于常说的"造型基本功"，往往会理解是描绘一个人或物的写实能力，但是我们需要有新的认识。如果能够凭想象徒手绘画，对形体造型进行分解、演化，表现出不同的造型形态，这同样是造型基本功的体现。比如说，"方形"是从房子、电视机、人的胸腔等具体实物特征中，抽象出的一种本质的共同属性。我们可以对一个方形进行推演、分解，创造出各种各样的形体造型变化（图3-26、图3-27）。

3. 形体的样态

在本节练习中，这些立方体、圆柱体、锥体和球体等，不再表示某种"实物"的意义，它们不代表石膏模型或苹果、茶杯，而只代表造型观念里抽象意义的"形体"。我们可以去自由想象，形体在空间里上下左右地自由伸展，变幻出不同样态：扭曲、折叠、翻卷、切割……（图3-28）。要表现

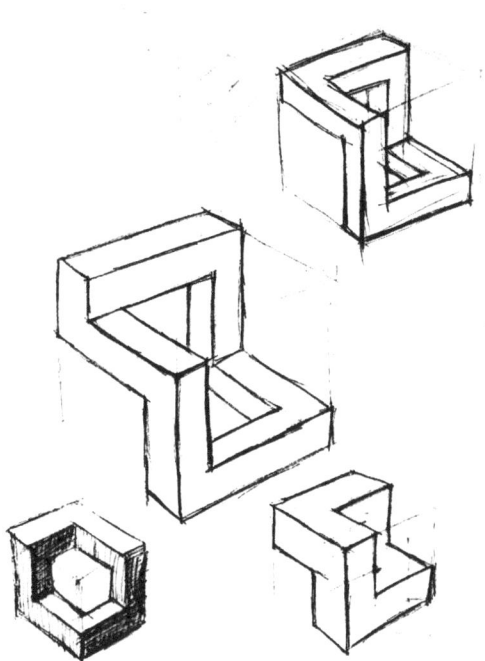

图3-26　形体造型的演化

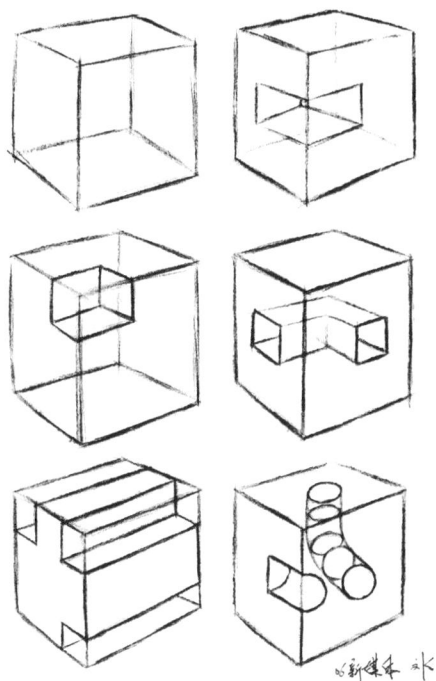

图3-27　形体造型的分解

图3-28　形体造型的样态

出这些造型变化，除了依靠形象思维的想象力，还要有一定的绘画造型能力。这些艺术素养，要通过严谨的训练培养才能获得。

　　同时，我们可以体验各种形体造型传递的视觉感受。不同的形体样态，可以呈现出不同的艺术效果。例如，几何形富有力度，棱角分明铿锵有力，适合表现明朗的节奏感；圆形、弧形呈现的变化，产生柔美的形式感，适合抒发浪漫的主观情调。

二、造型内在秩序：结构方式

　　克莱夫·贝尔在《艺术》一书指出："所谓形式，即艺术品内的各个部分和要素构成的一种纯粹的关系。"每个造型形式可以理解为由不同的基本形，按照一定的内在规律组合而成。这种组合规律也就是"结构"。不论多么复杂的造型，我们都能从中解析出最基本的一些要素，即"基本形"。而所谓结构就是把这些基本形联系起来，形成有秩序的整体，产生"有意味的形式"。因此，基本形和结构是产生形式感的重要因素。

　　简单来说，单个的形体是不存在结构的，多个形体相互接触、发生关联时就产生结构。形体结构的方式多种多样，可以归纳为：叠放、并置、拼接，缠绕、编织、咬合、穿插等。

1. 叠加

　　叠加是形体结构的一种简单形式，即形体至下而上，层层堆积。叠加可以是相同方向的整齐置放，也可以是不同方向的错位置放。

2. 并置

　　并置即一个形体与另一个形体相互拼接。这种形体结构的方式可以是规则整齐的，也可以是随意多变的。

3. 缠绕

　　形体通过扭动，互相掺合在一起，产生缠绕。它可以是一个形体自身扭动所出现的回环往复，也可以是多个形体之间的交合。

4. 编织

　　编织是对形体之间的穿插关系加以整理，使其变得规则和有序。编织的结构方式富有条理，具有整齐、统一的视觉效果。

5. 榫接

　　一对形体，一方叫"榫"，另一方叫"卯"。榫接的特点是两个形体的特征相互补充，能够直接结合在一起，又能够独立地拆分开来。

6. 穿插、穿透

　　穿插、穿透这两种方式比较接近。穿插是不同形体从边缘进入对方，穿透是从中间进入。

图3-29　多个形体组合的结构形式

　　以上这些形体结构的方式，只是一种类型化的归类总结（图3-29）。在实际的作业练习中，不需要拘泥于这些理论，可以自由地想象，进行创造性发挥。

@知识链接：后现代风格的设计理念

　　我们理解了基本的造型原理，再来分析一些设计艺术作品。所谓万变不离其宗，任何一件完成的作品，在其最初的创意阶段，都包含着某种纯粹的造型形式原理。沿着这一思路，就可以顺藤摸瓜，借鉴其造型创意的方法，启发我们自己的艺术构思。例如，下面这组后现代风格的家具设计，造型款式简洁、功能实用，它们的设计理念中就包含了形体造型的原理。从这些设计理念中，也可以看到后工业时期人们在生活中的审美趣味倾向。

　　"孟菲斯"是后现代设计艺术风格的代表流派。奥地利设计大师埃托·索特萨斯是这一流派的创始人。他有一句名言："我不想设计任何和消费主义有关的产品，因为这很危险。"由于设计风格的大胆和独特，他的作品成为后现代设计艺术的经典（图3-30）。

　　意大利设计大师亚历山德罗·麦狄尼，也是后现代设计风格的代表人物之一。他设计了著名家居品牌Capellini，为现代人所追捧（图3-31）。他的设计理念的关键词为"诙谐""混搭"和"装饰"。

　　佛罗伦萨设计大师安德鲁·布兰兹，他的艺术追求表达"诗意"与"和谐"之美。作品喜欢运用一些天然的材料，艺术风格崇尚自然情趣，不加过多的人为修饰（图3-32）。后现代设计师经常应用这种设计手法，散发着一种耐人寻味的人性化味道。

　　美国洛杉矶的设计大师彼特·肖（Peter Shire），他的艺术道路一直游走于艺术创作与艺术设计之间。他也是"孟菲斯"团体的成员之一，作品从包豪斯、未来主义和装饰主义等流派的艺术语言中获取设计的灵感，形成一种综合化的个人风格（图3-33）。

图3-30　埃托·索特萨斯作品

图3-31 亚历山德罗·麦狄尼作品

图3-32 安德鲁·布兰兹作品

图3-33 彼特·肖作品

第三节　另一双眼睛看世界：自然物象的形体转换

　　自然物象的形体转换，这种训练方法不是从概念的抽象形体产生出造型联想，而是通过写生，用形体表现的方式对客观物象进行重新解释，获得一种新图式。形体转换的关键要变换思维方式，突破对客观物象的习惯认知，从实物造型的具体直觉印象中走出来，激发超越写实表现的形体造型创意。

　　现代文明日新月异，随着人们对世界认识范围的不断扩大，情感体验会越来越丰富，所以在艺术的视觉表现方式方面，也就希望有新的形态和内容。通过形体转换练习，可以对同一物象进行丰富多样的个性化表达。这种训练的意义，就像阿恩海姆所说："一种真正的精神文明，其聪明和智慧就应该表现在，能不断地从各种具体的事件中发掘出它们的象征意义，以及不断从特殊中感受到一般的能力，只有这样，我们能赋予日常生活事件和普通的事物以尊严和意义……"（阿恩海姆《艺术与视知觉》）

　　形体转换是对客观物象进行造型特征的"理性分析"和"主观想象"过程，包括：观察体验（形体的感受）——发现创新（形态的联想）——造型构建（形象表达）几个阶段（图3-34）。

图3-34 课堂练习的状态

一、发现"形式"的意味

20世纪初出现的形式主义美学是支撑西方现代艺术发展的核心理论之一，它的重要创立者克莱夫·贝尔在其著作《艺术》中指出："一种艺术品的根本性质是有意味的形式""有意味的形式是区分艺术品与非艺术品的特质。"另外，因为克莱夫·贝尔的形式主义美学理论是以塞尚的艺术为实践依据，所以这里简单归纳，我们以塞尚艺术作为关键转折点，将前面时期论及的作品"形式"解释为"形式感"，而把之后时期的形式主义美学所说"形式"解释为"纯形式"。

形体转换训练就是对我们习以为常的客观物象，用不同的形体造型方式重新置换，赋予物象特征以崭新的"形式意味"。这就要求我们打破一般化的思维角度和理解模式，超越眼睛看到的事物表象，从平淡无奇中捕捉独特的造型感受。

首先，形体转换训练不同于传统的静物写生，它不要求用写实方法来再现对象，而是要建立一种更为主观化的造型理解和艺术语言体验，就是说客观物象只是诱发造型联想的媒介，而不是艺术表达的最终目的（图3-35）。我们训练的目的是通过体验客观物象特征，产生想象力完成新的形体造型构思，创造出有意味的形式。比如：面对一个人像，我们可以用多种造型形式

图3-35 课堂的静物

来呈现，可以画成几何形的组合，也可以画成其他自然形的组合等。这个练习难度在于，你怎么把这些形体组合，表现得新奇、有意思，甚至让人过目不忘。

二、从"物象"到"形体"

1. 以"几何形"造型转换

首先练习用几何形体完成一组静物的造型转换。

本节的静物"写生"和写实素描的静物"写生"，意义完全不同。这里要求在作业训练中带着自己的审美观念去"发现"，把注意力投向"形式本身"，重新地解释对象，发掘出其中独特的造型趣味。这一过程是富有个性化的艺术创造，就像每个人用想象力的翅膀自由飞翔。

（1）笤帚

一把笤帚经过作者的造型分析，重新进行了"形体化"的解释，把它转换成长方形、圆柱形、棱锥形的组合（图3-36）。画面进行了适当地取舍、概括，艺术效果充满了设计的意味，视觉感精致而有力度，从中体现出富有个性化的造型理念的价值。

我们强调形体转换要建立在对形体造型观念的理解上。有了这种形体造型意识，你就会从任何自然物象中发现"有用"的信息，为造型创意提供启示。

（2）羊头

参照一定的步骤可以使思维变得清晰，更容易掌握造型的规律性。这幅作业是"羊头"的形体转换，步骤过程画得很明白：从"整理基本形""选择结构方式"到"完成形体转换"（图3-37），从中也体现了绘画者较好的造型控制能

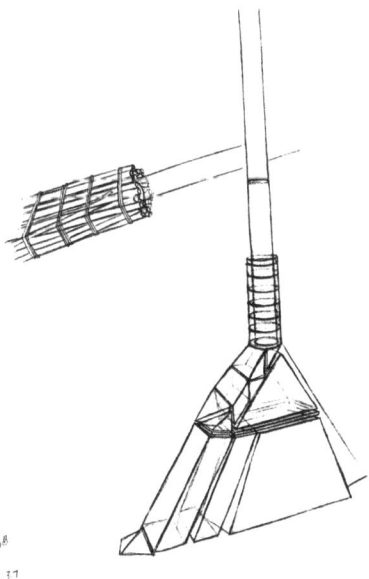

图3-36 "笤帚"学生作业

力。课堂作业是整理自己思维，引导条理
化理解的过程，所以要打开思路，不见得
要画出宏幅巨制，简单的作业练习同样可
以达到学习目的。而且越是简单练习，因
为没有过多元素的干扰，越是更容易掌握
造型原理中的实质。

　　面对同样静物，一个班的同学可以表
现出各种造型形式，这就是因为每个人的
"艺术感觉"不同。下面这组"羊头"形体
转换作业，分别运用立方体、圆柱体进行
拼接和穿插组合，画面效果具有明快的数
理性、秩序感（图3-38、图3-39）。

　　总结这三幅"羊头"作业经验，形体
转换作业要能够摆脱对实物的自然描摹，
从形体造型的思维上去理解对象，从实物
特征中找到创意灵感，这样画面才能表现
得比较主动，使作业带有一定的原创性。
同学们在练习中，要时刻抱着发现、探求

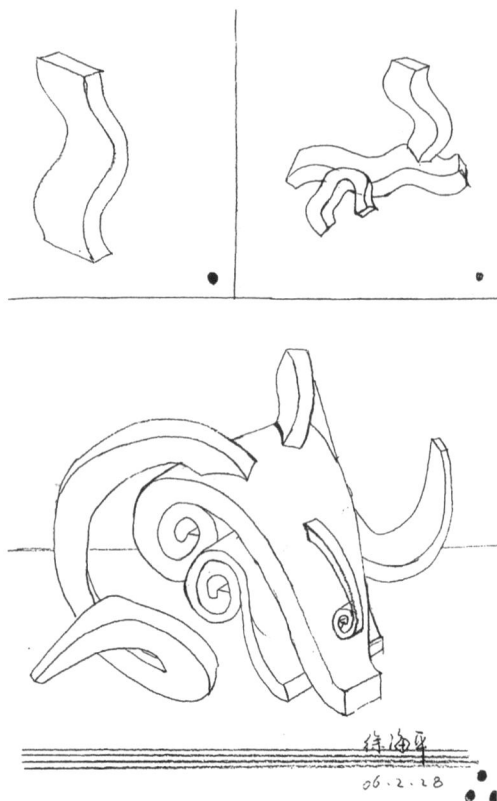

图3-37　"羊头"学生作业1

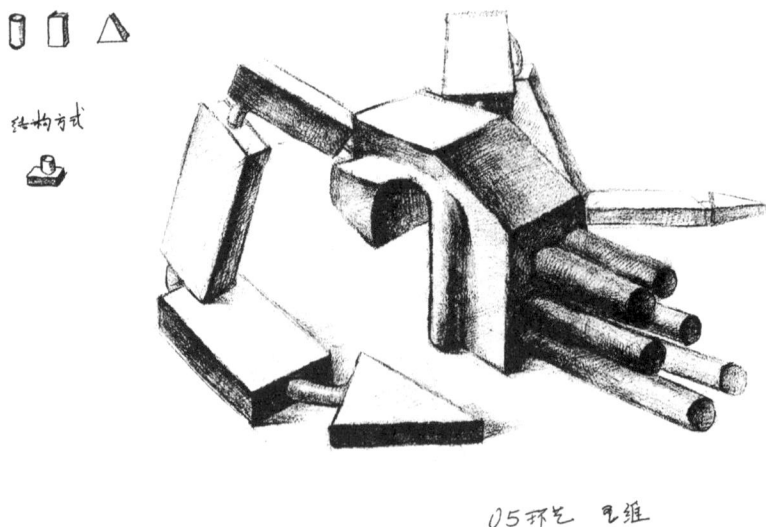

图3-38　"羊头"学生作业2

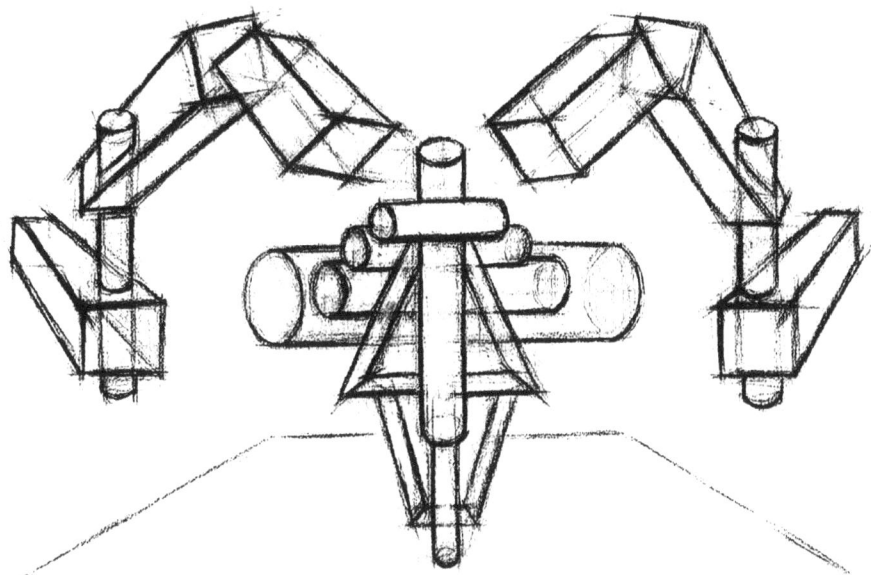

图3-39 "羊头"学生作业3

"新造型"的态度，去激活自己形象思维的闪光点。我们在作业中训练的这种创新意识，正是同学们未来成长为一名优秀的设计师应该具备的素质。

（3）石膏人像

石膏像的形体构造比较复杂，这张作业（图3-40），作者先画了许多小草图，最后从头像的体面关系入手，用几何形拼接的手法对物象进行了重新解释。画面在各种变化中寻求统一，头发与脸部的繁简疏密处理得当，形成明显对比，造型创意生动富有特色。

同学们常常疑惑：形体转换练习中，要怎样处理"造型创意"和"实物对象"的关系？有些同学看到实物就不知道该从何落笔，中国画理论讲"外师造化，中得心源"，这句话就是说，不能过于依赖客观对象，要保持一定的心理距离，造型创意在于内心的体会和揣摩，找到客观对象与主观想象力之间的平衡。从"观察"产生"印象"，升华"印象"产生"灵感"，再经过主观"加工"创造，完成新颖的造型创意。

（4）设计虚拟的光源效果

这个"牛"的形体转换练习（图3-41、图3-42），作者特别设计了有光源的虚拟场景，并且加入了很多想象的造型细节，使表现内容更为丰富。它的难度在于，这种虚拟场景完全是依靠主观想象，按照明暗造型规律通过推导完成的。这样的练习可以强化我们对造型空间的理解。

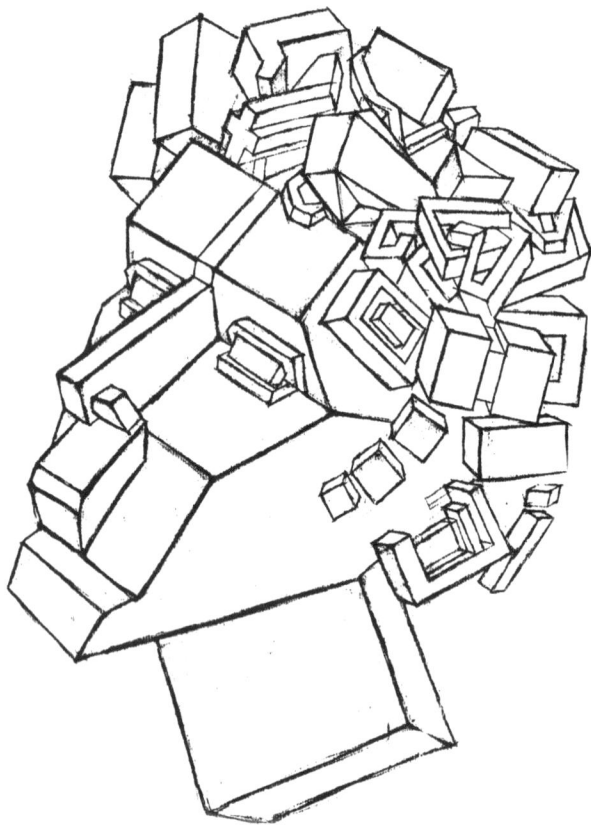

图3-40 "石膏人像"学生作业

图3-41 "牛"学生作业1

图3-42 "牛"学生作业2

2. 造型转换的多种可能性

俄国至上主义画家马列维奇说："客观世界中的一切视觉现象本身都是无意义的，只有感觉才是最有意义。"明代思想家王阳明也说："君未看花时，花与君同寂；君来看花日，花色一时明。"这两句话的意思有类似之处，都强调了在认识事物过程中，主观理解和心理情感的重要性。在形体转换练习中，我们许多个性化的造型创意，都有主观想象的因素。

前面我们使用的"形体"概念，更多倾向于几何形。除此之外，大千世界的物象种类繁多，如果从它们基本的形态上归类，大致可以分为：几何形、有机形、不规则形和自然形等。

这些基本形态，或是自然界生成，或是人工创造。不同形态给人的视觉感受各异，比如：几何形简洁明快，容易产生视觉的秩序感；不规则形让人感觉活泼多变；有机形富有生命活力……，在我们的艺术表现中，它们都可以成为人审美意识的载体。

在本节训练中，我们可以选择各种不同形态的基本形，来完成造型转换作业，从中体验不同的形式意味。一个好的创意源于个性化的思考，形体转换中要选择用怎样的基本形？这取决于作者的审美，以及对造型形式的感受。下面我们结合作业进行具体分析。

（1）手

艺术创意要不断从生活中寻找启发，这样灵感才不会枯萎。自然界的物象形态丰富，每个人都能从中发现兴趣点。这组作业以自己的手作为素材，进行形体转换（图3-43）。

"几何形"是对客观世界的高度概括与形式归纳，是一种抽象的纯粹造型概念，它具有单纯、简洁、明快的视觉感受。这幅作业（图3-44）从手部的骨骼特征中获得灵感，运用几何形体中的球体、圆柱体和方体，进行了穿透和拼接的结构处理，完成了富有个性的造型图式。

"自然形"是对现实生活中原有的可见形态的归纳。比如，我们可以从

图3-43 形体转换作业

图3-44　几何形转换（学生作业）　　　**图3-45**　自然形转换（学生作业）

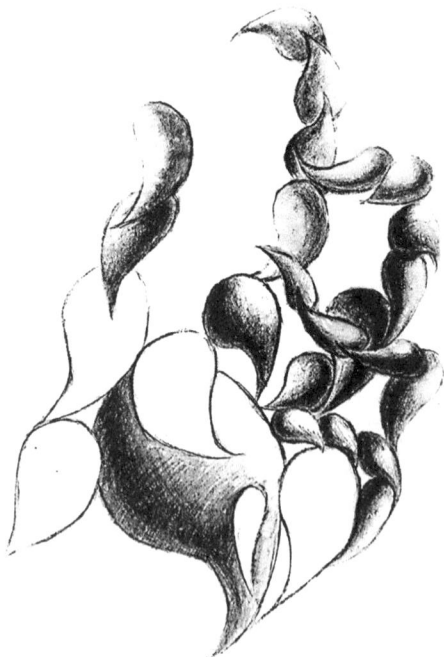

云彩、花瓣、雨滴、贝壳这些物象特征中提取出不同的自然形。自然形的视觉效果饱满协调，洋溢着亲切温馨的生活化味道，这些形态千变万化、瑰丽多姿，具有丰富的审美意趣。

这幅作业（图3-45）从"雨滴"形态中，提炼出一种类型化的自然形，经过拼接、叠放组成画面，造型生动、形象鲜明。

（2）羊头

"羊头"是美术基础教学中常见的静物，运用形体转换思路，可以表现出不同以往的视觉形式。自然形在我们生活中到处可见，人们往往只注重它的实体和功能而忽略它的视觉形式价值，所谓"视而不见"。所以作业练习中，要改变我们观察思考的角度，从身边的各种事物中发现富有新意的形式元素，丰富艺术造型的创新思路。

这张"羊头"形体转换作业（图3-46），从自然形的"树根"中得到灵感，发掘到有价值的形式意味，从中提炼出基本形，然后进行缠绕、叠放的结构组合，获得了新的造型图式。作业按照"基本形、结构方式、组织画

图3-46　自然形转换（学生作业）

面"三个步骤完成，作业的思路一目了然。

　　"不规则形"是一种非秩序性的形态，它和几何形比较接近，但是不同于几何形在视觉感上所表现出的规则性和机械性，不规则形具有更为多变的形态特征。运用不规则形完成形体转换，要善于对造型形式进行推敲和锤炼，体现造型创意的情趣。但如果处理不当，就容易让人感到零散混乱。

　　这张作业（图3-47），运用不规则形进行羊头的形体转换。作者对形体转换的观念有较好的理解，所以能够很快进入状态，打开思路。先在草图上从羊头的犄角、头骨这些局部特征入手，找到独特的形式感体验，逐步深入。

　　（3）人物

　　生活中我们会关注身边人的言谈举止、一笑一颦，但是要把"人"从这些具体社会化的认知信息中抽离出来，去思考"人"作为单纯"形体造型"

图3-47 不规则形转换（学生作业）

的意义，此即这个作业练习的难度所在。因为越是面对熟悉的事物，我们越是不容易突破认识的思维惯性。形体转换作业就是要运用已经获得的相关知识，寻找自己的艺术语言方式，重新解释视觉习惯中的客观世界。反之，如果你只想到描摹一个现实中的人，那形体转换作业就失去意义了。

在前面我们介绍了几何形、不规则形或者自然形，这里介绍一下有机形。"有机形"是一种具有生命体征的造型形态，它主要来源于自然界或宇宙空间的生命迹象。比如我们可以从生物细胞、生长中植物、动物外形的特征中提取有机形。有机形和自然形的区别：自然形的形态不具备生命体征，如从石头、贝壳中提取的形态，就归类于自然形的范围。自然形和有机形体现出不同的美感趣味，可以传达各自独特的造型感受。

例如这两组人物题材的形体转换作业（图3-48、图3-49），分别运用了几何形、自然形、不规则形、有机形等方式进行艺术构思，完成造型创意。特别是从"石头""树藤""夹心饼干""脚手架"这些再平常不过的日常物象

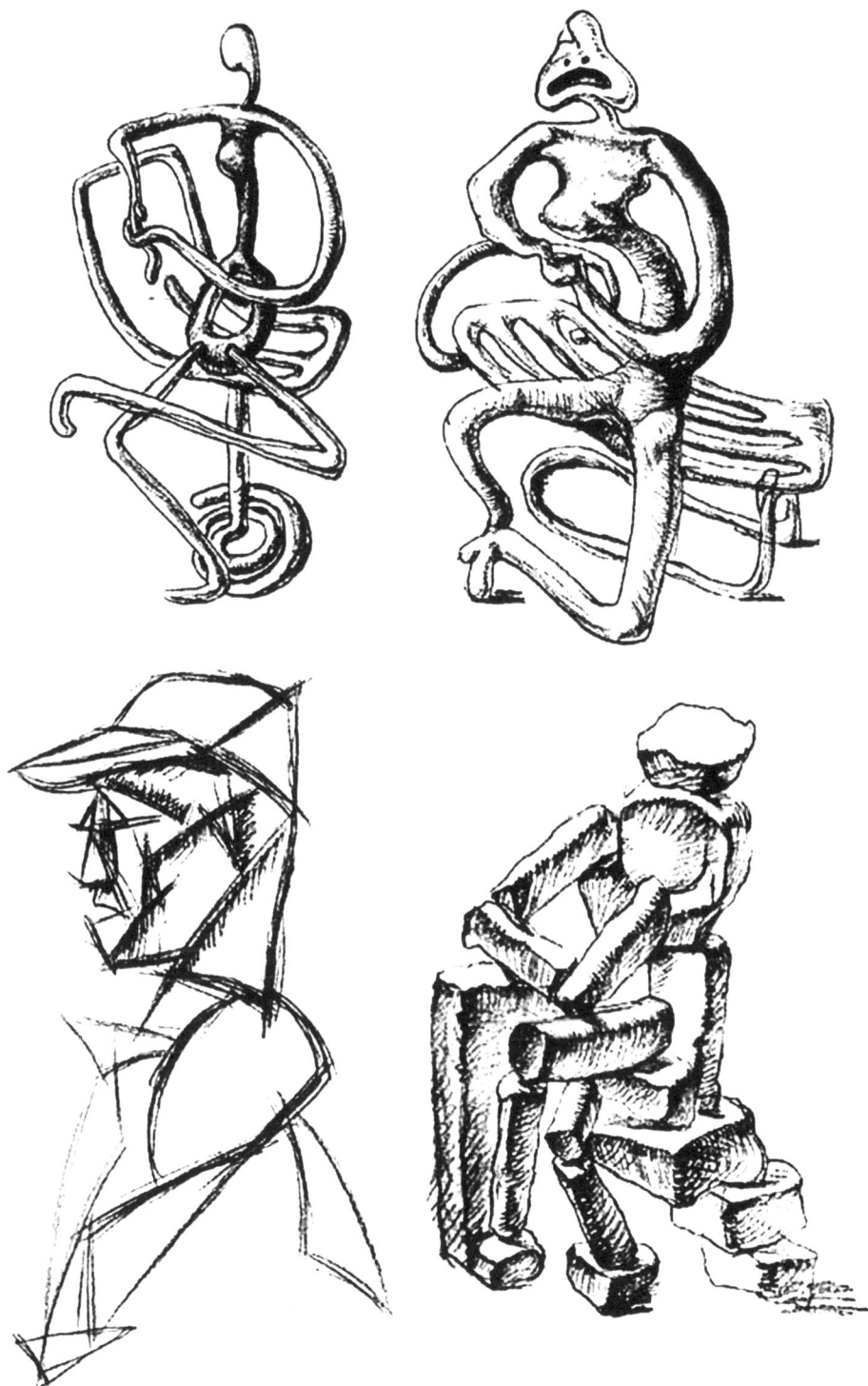

图3-48　人物造型转换（学生作业）

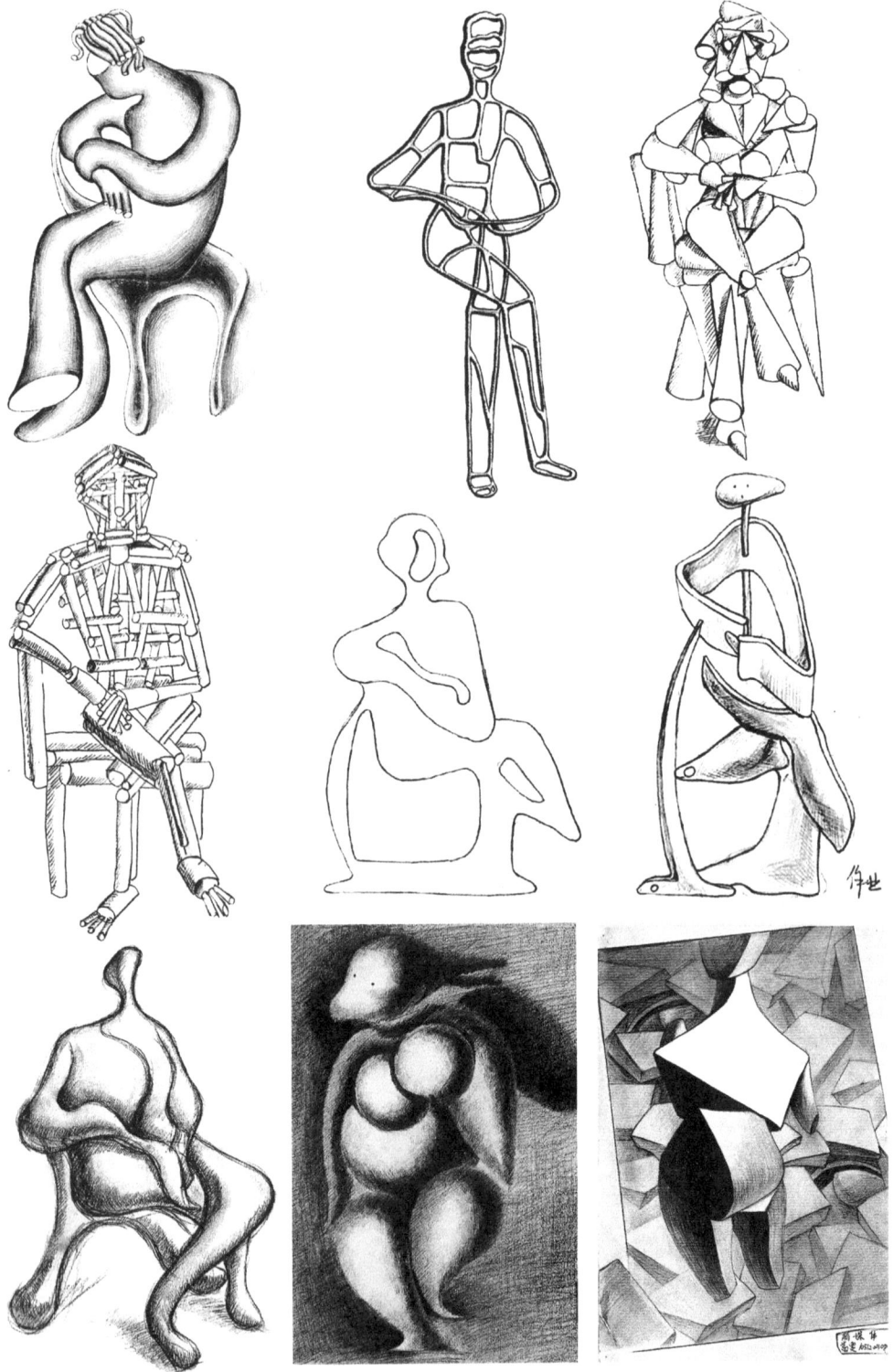

图3-49　人物造型转换（学生作业）

中获得启迪，找到巧妙的构思，生发造型创意，使画面设计出奇制胜。

在以上这些作业中，作者通过对生活的观察和体验，摆脱日常的视觉习惯和思维定式，从中发掘出审美形式中有价值的闪光点，作业也就越画越主动，逐步进入自由创造的境界。

三、"头脑风暴"：造型的自由联想

"头脑风暴"是由美国创造学家A·F·奥斯本，在1939年首次提出的理论。创造学是研究人类的创造能力以及创造发明的过程和方法，探寻其中规律性的一门学科。之后，这种学说演化成为一种激发性的思维方式，即追求无限制地自由联想，对不断出现的新观念进行深入讨论。在我们形体转换的作业练习中，当大家一步步地进入学习状态，就很容易引起自由创作的兴趣。

以这幅"水壶"的形体转换作业为例（图3-50）。作者刚开始画的时候手法还比较拘谨，后面就逐渐放弃了对象的外形特征，以实物为素材进行大胆构思。用"以大观小"的思维方式，由水壶造型联想到了立交桥、太空站等，进行了"异想天开"的造型想象。

总结：这次作业练习进行到后期阶段，同学们慢慢改变了写实绘画的观念，能够比较熟练地运用形体转换的思路和方法，对物象造型进行升华与创造，显示了同学们丰富的造型想象力。通过这种课程的练习，在有限的画面空间，表现出无限的形式联想，这种艺术创造也给同学们带来不一样的精神愉悦感。

@知识链接：用"形体转换"原理解读现代艺术

下面用"形体转换"的原理，来解读一些现代主义风格艺术作品。我们提出从现代主义艺术的造型原理角度分析作品的形式创新。如果缺少了这个知识链条，对其艺术的解释往往是不真实的。

1. 毕加索作品

毕加索一生的艺术风格多变，对现代主义艺术发展产生深远影响。毕加索等人开创的立体主义艺术流派，直接受到塞尚艺术的启示。塞尚艺术观念强调："用客观的态度观察世界，反映世界的本身，洞察永不改变的真实，

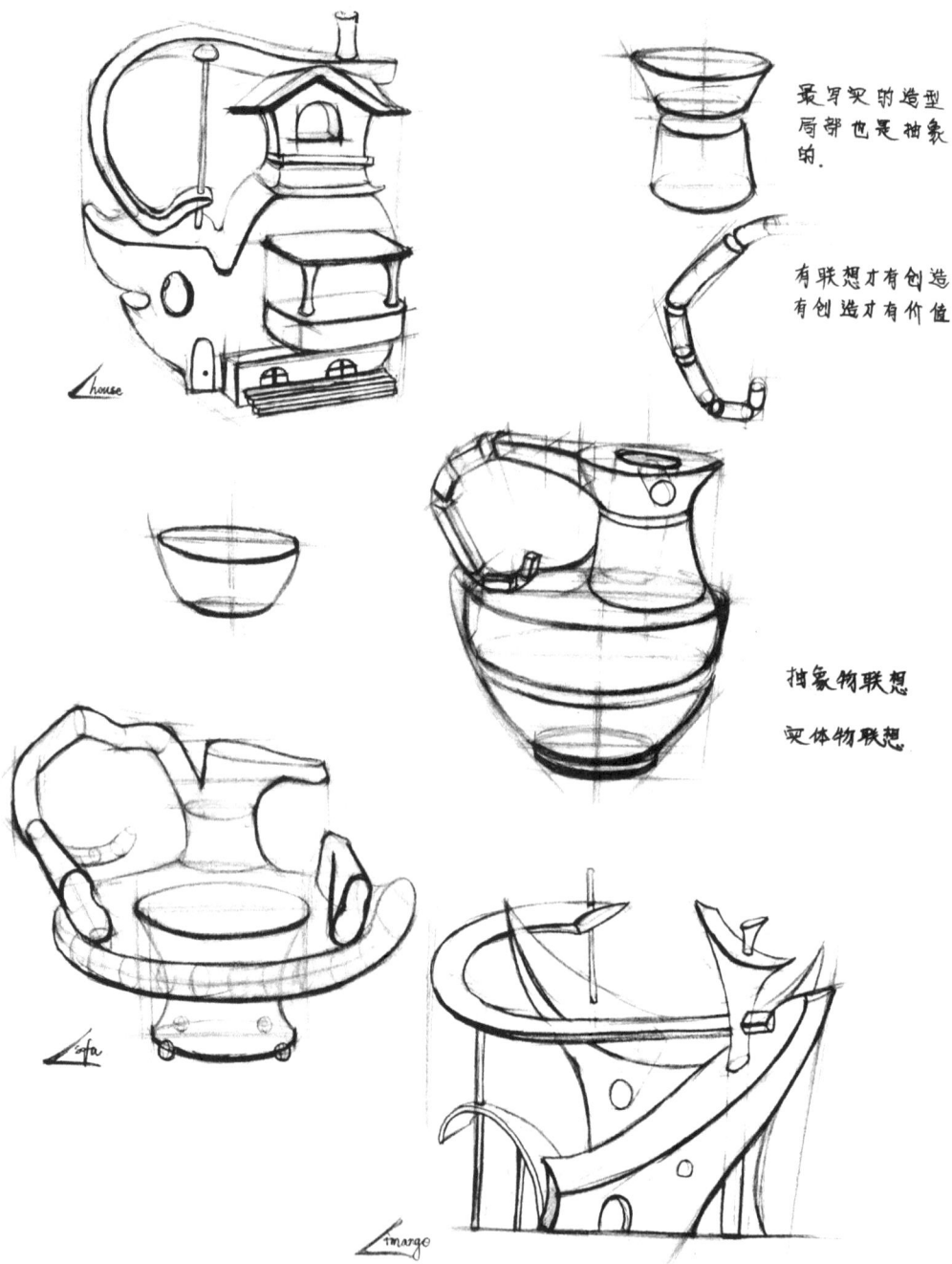

最写实的造型
局部也是抽象
的.

有联想才有创造
有创造才有价值

抽象物联想

实体物联想

图3-50 造型的自由联想（学生作业）

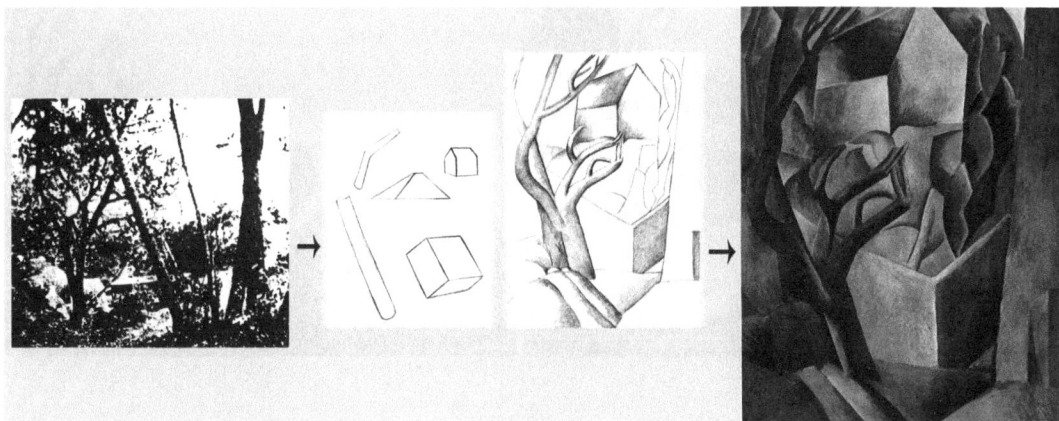

图3-51　毕加索《花园里的房子》作品解析

要创立一种不以人混乱的感觉为转移，并且符合自然秩序的艺术形式。"我们从早期立体主义艺术中能够体会到其与塞尚艺术思想的渊源。

分析毕加索作品《花园里的房子》的造型原理。通过图示可以揭开其造型中的秘密，清晰地看到作者艺术构思的整个过程（图3-51），即从"自然物象"到"提取基本形"，再到"形体转换"，最后"作品完成"。

这幅作品舍弃了自然物象真实的视觉因素，把树木、房屋重新解释成不同的几何体构成。这种造型理念的介入拉开了"客观物象形态"和"艺术表现形式"之间的距离。塞尚、毕加索等人经常反复地画相同的题材，这样一来，在作画过程中，客观对象慢慢失去了人的视觉新鲜感，而绘画的意义就重在表现"对形体造型的分析和研究"。

2. 亨利·摩尔作品

亨利·摩尔是20世纪著名的现代雕塑家。他把原始艺术率真质朴的气息与现代艺术的形式观念结合起来，作品风格独树一帜。英国美术史家赫伯特·里德认为，现代雕塑有两种不同的倾向，一种继承罗丹提出的"以深度造型"为主导的传统，比如亨利·摩尔的现代性雕塑，从中仍然可以寻找到米开朗基罗的形式传统的渊源；另一种则是追求"纯粹形式"的绝对价值，也就是走向抽象的追求，如构成主义雕塑家瑙姆·嘉博等人的作品。

因此说亨利·摩尔作品既保持了西方传统艺术精神，又具有强烈的现代审美品格。

亨利·摩尔的艺术作品以人体居多，造型风格奇异（图3-52、图3-53）。

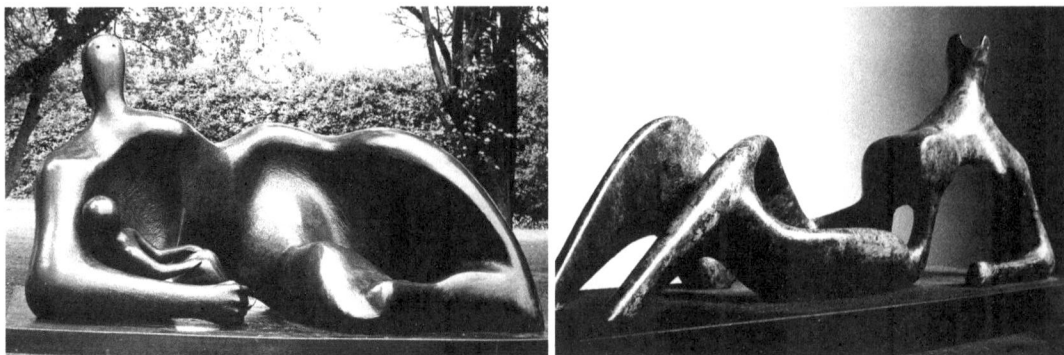

图3-52　亨利·摩尔的现代雕塑作品

它与真实的人体形象相去甚远，但是又
与纯几何形式的抽象造型保持着一定的距
离。他的艺术灵感源于对自然界中的岩
石、贝壳、鸟卵、树根等造型形态的感
受，雕塑刻意保留一些残缺的凹陷孔洞，
像是被流水冲击过。摩尔艺术很少有运动
的姿态，而善于体现在静态中蕴含的内在
生命力。作品追求自然、朴实而单纯的艺
术效果，可以和自然环境融为一体，很适
合作为户外雕塑。他的作品对现代公共雕
塑有广泛影响。

3. 现代公共雕塑

　　这组人物题材的现代雕塑作品
（图3-54、图3-55）形式富有意趣。造
型中内涵着清晰的形体构成原理，即对真
实人体进行了形体化的转换，再对基本形

图3-53　亨利·摩尔作品的基本造型元素

进行拼接和缠绕的组合。通过我们的教学，同学们对现代艺术的造型观念有
了一定认识，在艺术欣赏中会有更多玩味和咀嚼的乐趣，也就能感受到这些
作品的动人魅力。

图3-54　现代公共雕塑1

图3-55　现代公共雕塑2

第四节　解构·重构：化平淡为新奇

解构和重构是20世纪现代艺术在造型观念上的一次突破，它实现了人类艺术视觉方式的重大革新，这种造型方法在立体主义等艺术流派中被大量使用。

从学理渊源上说，解构重构观念是对塞尚艺术思想的发展与延伸。西方现代艺术自塞尚开始，重新解释了艺术和自然之间的关系。塞尚认为："客体世界对于艺术家来说，是经过感觉器官过滤后的世界。"塞尚提出用"圆柱体、球体、圆锥体"来重新认识外部世界，从而提升了造型的独立审美意义，因此艺术创造的过程，就是将造型元素按照一种艺术秩序进行加工与改造。这样一来，作品所表现的对象就不是完全的客观自然了，而是经过艺术家心灵再造的艺术世界。正是因为塞尚发现了客观物象内含了形体构成的秘密，后继的立体主义者则彻底打破了物象的形体构成逻辑，创造出一种全新的艺术形式趣味。具体来说，立体主义艺术观念不再把客观物象看作是不可分割的整体，通过解构与重构的艺术处理，消解了客观物象特征对艺术形象的规定性。在这一艺术实现过程中，包含着艺术家对主体性创造价值的高度肯定。

这一节的"解构重构"练习，要求在上一节课的"形体转换"课程基础上，进一步打破物象造型的常规，发挥想象力，创造出超越现实真实性的艺术形象。

一、造型的理性分析与主观构建

1. 打破物象的固有形式——解构

解构是把物象原有的结构关系打散，使造型整体分解成若干部分。解构提供了重新认识造型形式的一种思路。

2. 创造新的视觉想象——重构

重构就是摆脱物象的原有结构，分解物象的形体，再重新进行组合与建构。重构赋予物象形体关系新的逻辑秩序，是对物象形式的另一种创造。

关于解构与重构的关系，物象造型经过形体解构后，可以进行各种重构，生成互不重复的结构体，获得丰富的视觉形象。同时，解构、重构的过程往往是一体的，解构之时即在重构。还要特别强调：这里讲的"解构、重构"只是示范一种艺术思维方法。它不同于"木匠"或"机械师"一样，进行物理机械式的"拆解""组装"。所以同学们在进行"解构、重构"的创意练习时，不能拘泥于物象的具体形式，而是要利用这种艺术观念，开动发散性思维，发挥大胆超越的想象，进行有意义的主观审美创造。

二、造型的"反向视角"

1. 解构方法

其一"从结构处打散"：从形体之间的结合部位，把整体分解为不同的部分。这种解构方式依照形体造型特征，找到形与形的结构点，再进行分解。以椅子的造型为例来理解，就是把各个基本形从榫接处进行拆分（图3-56）。

其二"切割"（图3-57）是解构的另一种方法，就是根据造型形式感的需要，把一个造型直接进行各种切分，其分解方式更为随意和自由。

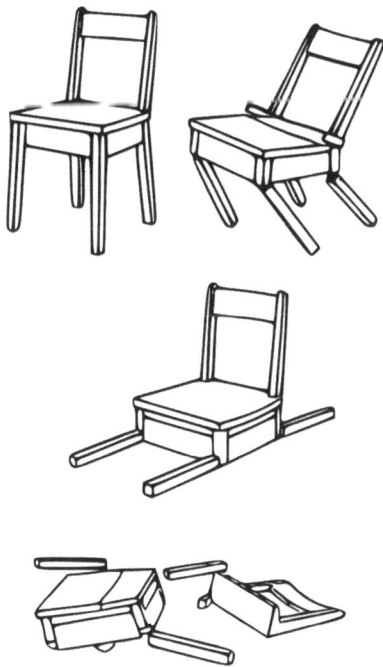

图3-56　多伦多EDIT创新技术博览会"椅子机器人"　　图3-57　提琴的切割解构（学生作业）

2. 重构的两类思路

　　第一类思路"半抽象重构"：分解物象原有的形式，对其形体元素进行重构。重新获得的造型可以辨别出客观物象的一部分外形特征。例如重构板凳和提琴的造型，形成"人"的形象（图3-58、图3-59）。

　　第二类思路"抽象重构"：分解物象原有的形式，重构产生的造型是抽象的，没有客观物象的具体特征，不具备可识别性（图3-60）（关于抽象造型，可以参照本章第六节的内容。）

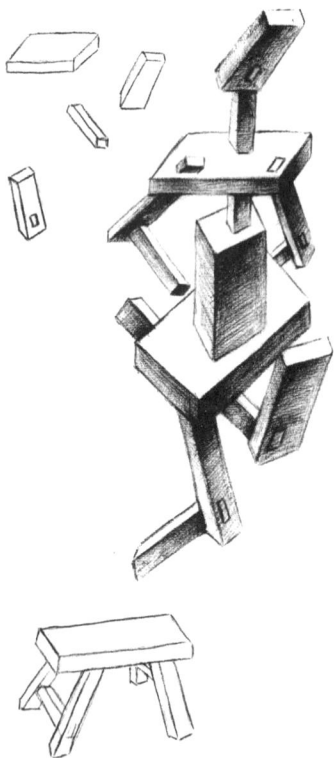

图3-59　提琴的半抽象重构（现代雕塑作品）

图3-58　凳子的半抽象重构（学生作业）

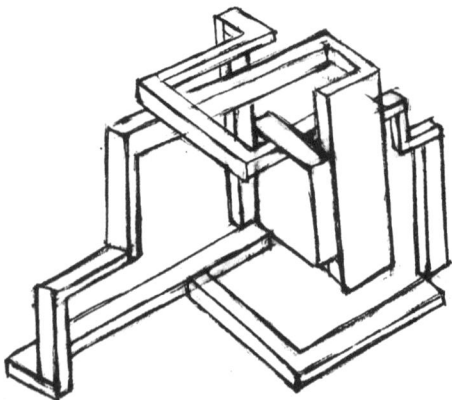

图3-60　椅子的抽象重构（学生作业）

三、半抽象重构练习解析

这里定义的"半抽象"是介于"具象"和"抽象"造型形式之间。"半抽象重构"重在突破陈规，进行各种造型创意，而新生成的视觉形式，可以是超越现实存在物的造型想象。

1. 铜号

不管是简单还是复杂的物象，都有它的造型形式规律。我们开始作重构练习，不可操之过急，要静下心来，按步骤一步步地推导造型。首先把握基本的原理，才可以熟能生巧，充分发挥个人构想，进入自由创意的境界。这幅作业先从铜号中分解出基本形，再选择结构方式，最后完成新的造型创意（图3-61）。

这两幅作业（图3-62、图3-63）的造型创意想象大胆，出乎意料，成为吸引眼球的闪光点。同学从铜号形体元素中发现独特的审美趣味，经过反

图3-61　步骤分析："基本形的分解"→"选取结构方法"→"重构"

图3-62 铜号的重构一（学生作业）

图3-63　铜号的重构二（学生作业）

复重构，使平淡的物象形式焕发出新意，视觉效果奇妙丰富。

2. 车轮、琴键、水龙头

这组作业中（图3-64～图3-66），物象原有的造型逻辑被打破，经过

图3-64 水龙头重构（学生作业）

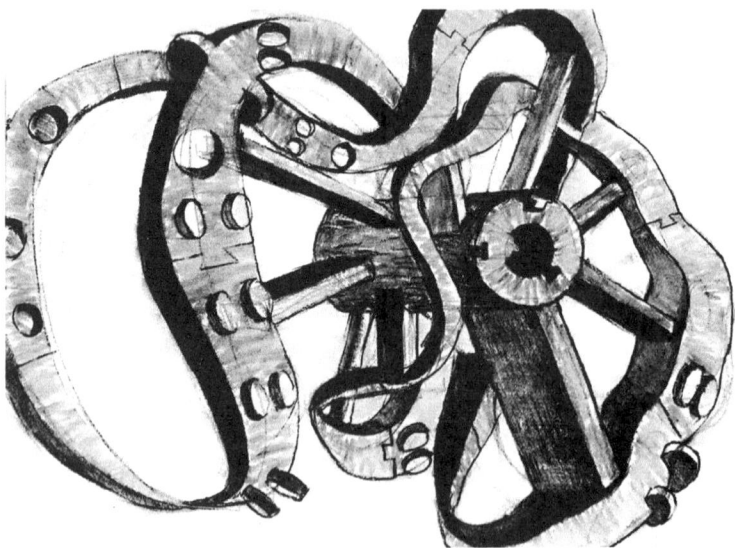

图3-65 车轮重构（学生作业）

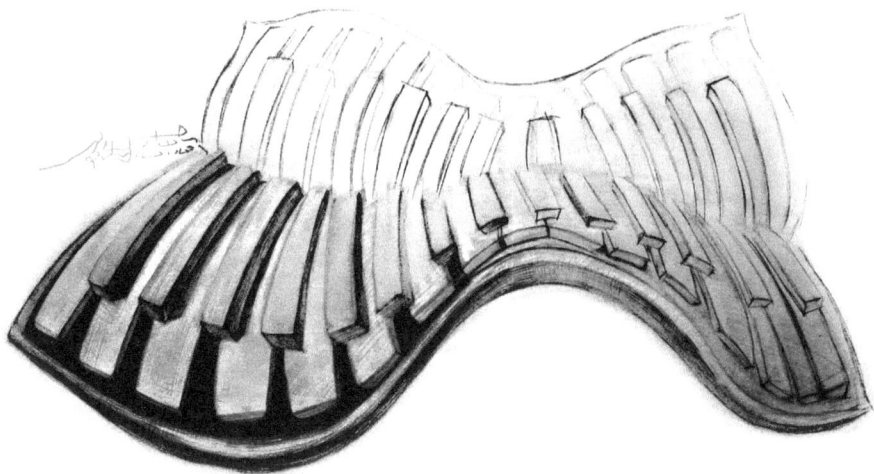

图3-66 琴键重构（学生作业）

形体的重新组合后，超越了生活常规中的视觉形象。"水龙头"变幻成一个羊头，"车轮"柔软地缠绕在一起，"琴键"像蝴蝶一样挥动翅膀翩翩起舞。这些造型创意体现了作者个性化的审美视角，所以要善于从平常生活去发现，从灵机一动的灵感中获得形式创造的启发。

3. 石膏像"马头""格达密那塔"

　　这幅作业以马头石膏像作为创意原型，对造型进行复制、拼接（图3-67、图3-68）。作者先对石膏马

图3-67 石膏像实物

头作了几何形的形体转换，然后把三个马头重新组合完成重构，生成新的造型意象。画面构思巧妙，整体造型完整，结构紧密层次丰富。

图3-68 "马头"的重构（学生作业）

图3-69 "格达密那塔"重构（学生作业）

这幅作业（图3-69）对石膏像"格达密那塔"进行形体切割，形体在空间悬浮流动，不断地旋转，像宇宙中的天体运行，营造了充满想象的神秘氛围。构图强调了形式大小对比，视觉效果舒适。作者默写出一种虚拟光源的效果，依照明暗规律，设计画面，可以看出熟练的造型表现能力。

以上的作业练习，同学们运用了所学知识，对日常中熟悉的实物进行解构重构。这里再强调，作业过程中要有清楚的思路，进行理性的造型分析；同时要实现一个好的造型创意，充分发挥想象也很重要。

四、思维延展：抽象重构

如我们本节前面讲，重构的第一类思路"半抽象重构"，即重构后的造型可以辨识出客观物象的部分特征性；此外还有第二类思路"抽象重构"，即重构后的造型并不具备客观物象可辨识的特征性。我们可以通过毕加索作品举例说明。

毕加索的素描作品《来自变戏法者》，共有十余幅（图3-70）。在毕加索笔下，"人体"经过不断地演绎，变得诡异多姿而精彩纷呈。毕加索一生致力于各种造型风格的艺术探索，执着地对造型的形体、结构进行反复演变、推敲，产生出饶有意趣的丰富形态。从这组作品也可以看到他在创作过程中的严谨态度。

这组作品有的可以大致分辨出是一个动物或人形，所以可以归类为半抽象重构，而大部分则已经不能辨识出客观物象的特征性，所以可以归类为抽象重构。

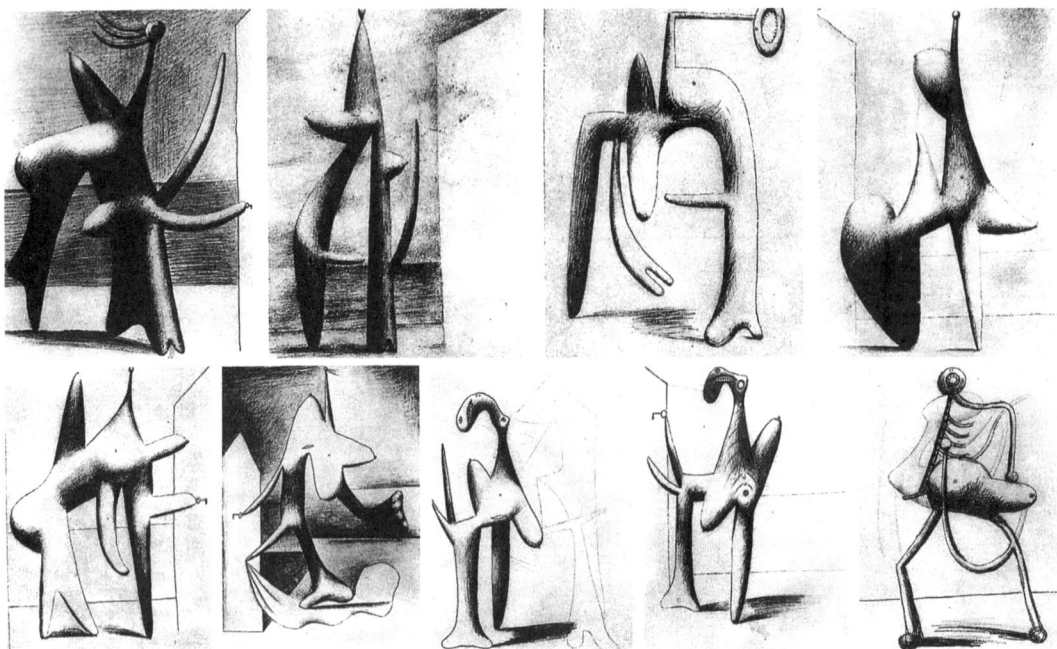

图3-70　毕加索《来自变戏法者》

　　图示的学生作业（图3-71～图3-73）也是抽象重构。作画的步骤：先把"火枪"分解成若干形体元素，再按照新的结构形式进行组合。重构的造型不具备客观物象的特征，即画面形象没有可识别性，只在于追求纯粹的造型形式感。

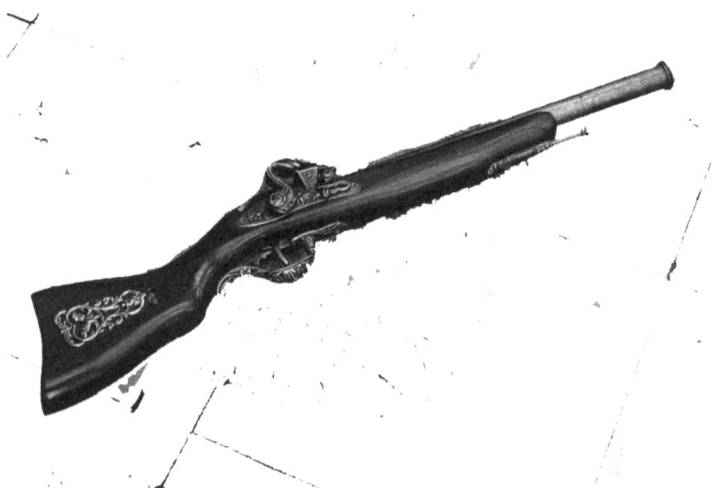

图3-71　火枪实物

图3-72　火枪的抽象重构（学生作业1）

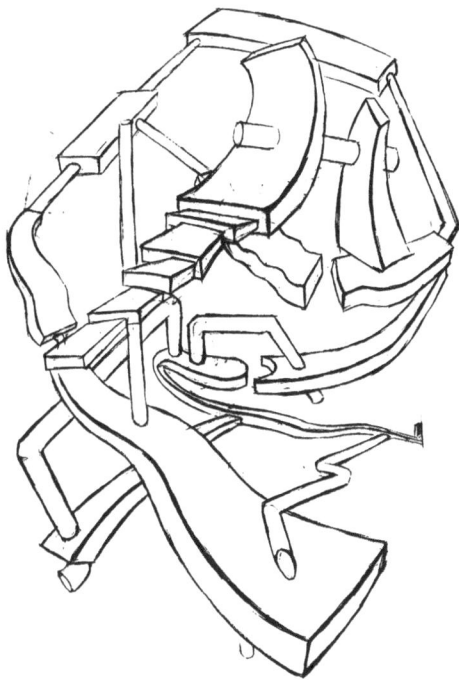

图3-73　火枪的抽象重构（学生作业2）

@知识链接：现代艺术中的解构重构观念

1. 毕加索的"重构"作品

　　毕加索的《公牛》，在现代艺术史上有重要的意义（图3-74）。这件举世闻名的作品没有什么高难度的技巧，将自行车后座和车头分解开来，又重新组合，但它却具有划时代的造型理念价值，预示着一个全新艺术观念的诞生。

　　毕加索创作过很多人物造型的变体画，充满艺术探索性。在《海滨浴者》作品中（图3-75），作者把人体转换为若干不规则形，然后再打破原来的形体关系，重新进行结构组合，给人以全新的艺术感受。作品表现完全舍弃了人的情绪、性格……这些社会化的自然人特征，将"人体"转换为"形体"，回归到"观念"。仔细看这幅作品中被重新解释的艺术形象，两个"人"拥抱着紧贴在一起，并且通过光影效果渲染了形体组合的关系，其中传统绘画遵从的审美标准，被现代绘画追求的纯粹造型趣味所取代。

图3-74   毕加索《公牛》

图3-75   毕加索《海滨浴者》

2. "视觉诗人" ——冈特·兰堡

冈特·兰堡被称为当代最杰出的"视觉诗人"，他与福田繁雄、西摩·切瓦斯特，并称为"世界三大平面设计师"。这幅招贴作品通过形体的切割，把一个整体形分解，重新进行创意组合，结构严谨富有次序。画面造型单纯、简洁明了，视觉效果强烈而具有量感。通过这种艺术处理，使日常物象表达出非同寻常的艺术气息，好像是在绘声绘色地讲述一个故事（图3-76）。

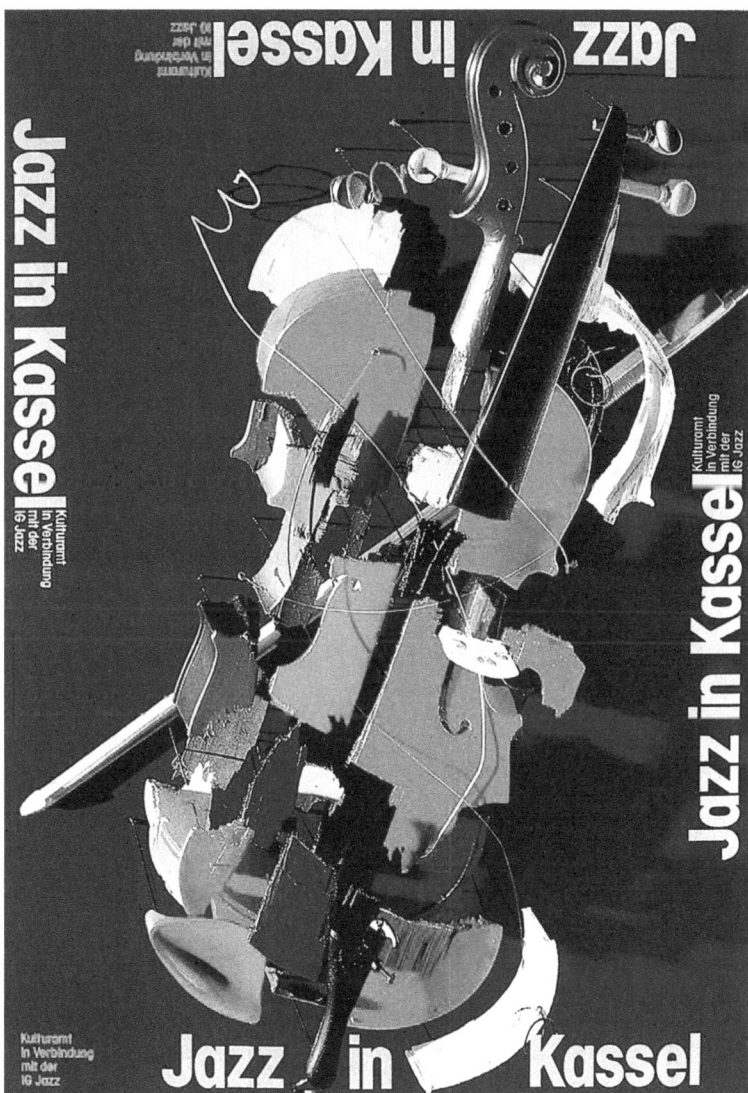

图3-76 冈特·兰堡的招贴艺术

3. 阿尔曼、武井浩二的作品

阿尔曼·费尔南德斯是法国新写实主义艺术家，他也创作了许多利用现成品，进行解构重构的作品。作品常常会打破人们的视觉常规，创造出一种充满神秘感的新形式。这幅"长号"作品（图3-77），用切割的方式来解构，再进行反复地重构。他还用类似的手法，完成了一系列解构风格的作品，比如大提琴雕像、太阳神阿波罗雕像、维纳斯雕像等，值得玩味。

另外，与费尔南德斯创作理念类似，武井浩二专注于吉他和乐器题材，运用解构重构手法完成一系列作品（图3-78），打破了观者对

图3-77 阿尔曼·费尔南德斯《层层叠叠》

图3-78 武井浩二《共振》

一般意义的三维或二维空间造型的认识，唤醒了人们潜意识中，对奇幻世界的想象。

4. 金特·凯泽的"重构"意趣

当代著名设计艺术家金特·凯泽的这组作品（图3-79、图3-80），通过对乐器造型进行分解，再选择其中的有效元素，反复地缠绕，组合出一个个崭新的艺术形象。这些新造型超越了实物的固有形态，作品构思精妙，形式充满意趣，表现出作者卓越的形象感受力。

这组台北街头的公共雕塑（图3-81），它和金特·凯泽作品的"重构"创意，有异曲同工之妙。一堆废弃工业零件，通过艺术家奇思妙想，进行重新组装，变成了可爱的玩偶造型，给人们生活增添了丰富的视觉情趣和审美体验。

图3-79　金特·凯泽的招贴艺术

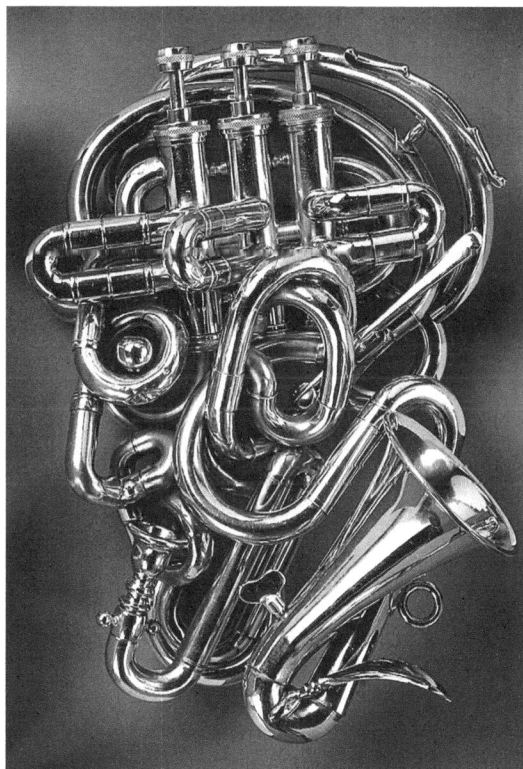

图3-80　金特·凯泽的招贴艺术

图3-81   台北街头的公共雕塑

第五节　半抽象造型：给纯粹形体赋予意义

我们在前面教学中，对于"半抽象造型"已经有所涉及，也提到"半抽象造型"定义，它相对"具象造型"和"抽象造型"而言，是介于两者中间的艺术语言形态。总结下来，完成半抽象造型创意可以按以下思路进行：其一，通过对物象的形体转换完成；其二，通过物象的解构、重构完成；其三，利用纯粹形体组合，完成半抽象造型创意。前两种方法，在前面"形体转换""解构重构"章节中，已经练习过了。这一节我们重点讲授第三种方法，可视为从"观念"到"形象"，也就是不依靠实物启发，完全是依靠"观念"（形体）的想象，创造"形象"（半抽象造型）。

我们再谈一谈"半抽象"和"意象"两者语义的区别。

中国传统艺术思想中还有一种"意象"观点，强调艺术表达的写意性，同时又不失去自然物象特征。仅从表面字意来看，"意象"和"半抽象"较为相似，或者说有意义重叠的地方，但是两者概念还是有明显的区别。简单解释，中国传统艺术思想范畴中的"意象"，其内涵中"意"和"象"始终保持着和自然物象的对应关系，因为在中国文化理解中，艺术形象源于现实世界，所谓"意象"强调的是把握"似"与"不似"若即若离的审美状态；但是，西方现代艺术思想范畴中的"半抽象（抽象）"，具有一定的观念化造型特色，它可以通过多种方法实现。当我们选择以完全观念化的几何形、不规则形等作为造型手段时，那么在艺术构想中，这些作为造型手段的"形体"就不一定和自然物象对应。

人们对半抽象造型的理解和体验，总是带有明显的个人判断。因为人的性格、阅历和认识角度不一样，面对形象的感受也有差异，所以每个人就会用各自的审美经验，发现和表达视觉形式的不同意趣。

一、造型思路："无中生有"

黑格尔在《美学》中说："艺术不仅可以利用自然界丰富多彩的形形色色，而且还可以用创造的想象自己去另外创造无穷无尽的形象。"爱因斯坦也说："想象力比知识更重要，知识是有限的，而想象可以囊括世界。"

这一节练习，我们不用借助静物作参考，而是直接从抽象形体的组合出

发，产生个性化的形象联想，完成半抽象造型创意，所以这种思路可以说是
"无中生有"。作业过程当然离不开充分发挥主观想象力，因为没有想象就没
有艺术创造。所以我们的训练，不是纯技术性的练习，画面如果缺少独到的
创意构思，就会黯然失色。同时，作业不必考虑造型创意的实用性意义，大
胆放飞我们的想象力，天马行空自由驰骋。

二、半抽象造型的演变

　　利用几何形体来完成半抽象造型创意，并不追求造型形式上和客观物象
的过于相似，视觉形式产生的审美趣味性才是造型的目的。作业过程可以有
两种方式：其一，头脑先有"想画什么"的构思，逐步完成造型创意，视为
"意在笔先"；其二，先不预设目的，根据画面效果"像什么"，因势利导去
完成造型创意，这算是"意在笔后"。

1. "和谐的舞蹈"

　　运用形体的"卷曲""穿插"结构方式，组成几个人起舞的形象
（图3-82）。作品形式感清新明快，和谐而富有韵味，造型穿插的结构点布
局得当，整体动势把握得比较好，寓动以静。从中可以看到作者对造型本体
价值的关注。

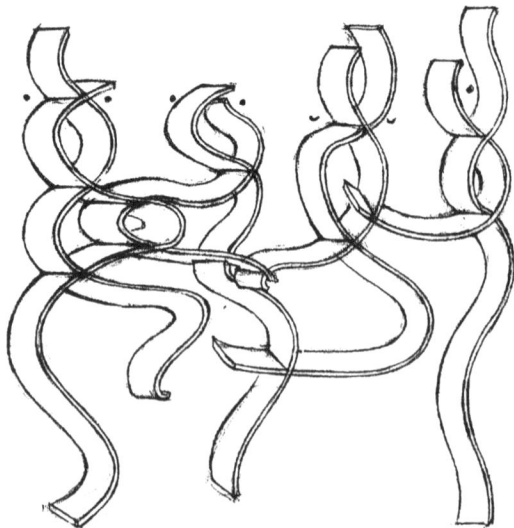

图3-82 "和谐的舞蹈"（学生作业）

2. "旋律"

这个"音符"的形象由几何形体相互咬合产生（图3-83）。通过独特的形体造型语言传递出一种意境，似乎让人感受到西洋管乐纯净、铿锵的金属音质。这一创意的精彩之处在于造型自身的感染力，作者发挥了对形体造型的理性分析和自由想象，经过细心的设计，最后完成个性化创意。画面笔触中我们也可以看到作者对形体造型严密推敲的痕迹，比起一蹴而就的"形"，经过反复锤炼的"形"流露出画者沉静下来的心迹，给人的视觉感受就更为坚实耐看。

3. "牵手""宠物"

这两张作业（图3-84、图3-85）的形式结构相似。它们的造型原理比

图3-83　"旋律"（学生作业）

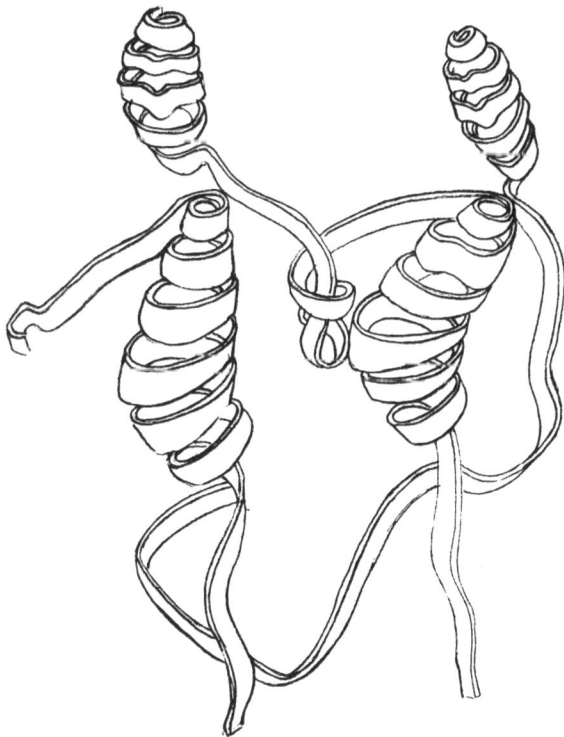

图3-84　"牵手"（学生作业）

图3-85 "宠物"（学生作业）

较单纯，运用形体的卷曲、缠绕，产生形式意趣。画面表现一丝不苟，风格朴素，有股清新的书卷气息。虽然只是课堂练习作业，却同样精彩。

4. "机械时代"

这幅作业（图3-86）的艺术感觉新奇，表现了年轻学生思想敏锐、容易接受时尚文化的个性特征。现代社会进入机械时代，任何事物都避免不了工业化的痕迹。人的现实处境，也好像钢条在压钢机的程序中，接受巨大力量的锻造，不断地被挤压、转动……这就是现代人的标记：内心灼热而外形冷漠。

5. "孕育"

这幅作业（图3-87）命名《孕育》，含有母亲孕育新生命的意思。作者从建筑通风管道的造型得到启示，以立方体和圆柱体为基本形，采用穿插、拼接的结构方法，组成人物的造型创意。作业步骤从选择基本形到确

图3-86 "机械时代"（学生作业）

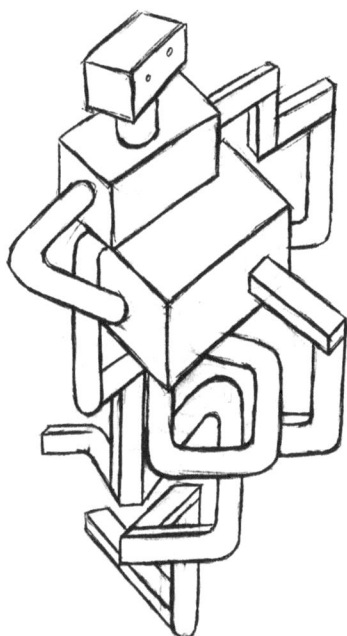

图3-87 "孕育"（学生作业）

定结构方式，再到整体组织画面，一步步地推演。这种认识过程，正是基础训练所需要的，有清晰的造型思路，才能引导我们把感觉升华到理性。

6."鸟""人物"

运用几何形体的结构组合，可以表现人物、动物、风景……各种各样的题材，造型基本的原理和思路是相通的。通过一些简单的作业练习来理解造型原理，这是寻找艺术表达语言方式的必要途径。

例如，这张"鸟"的作业（图3-88）画得比较充分，造型原理清晰，运用圆柱体、圆锥体并置的结构方法，各种几何形体的大小布局得当，聚散疏密安排得错落有致，可以看出作者对形式构成的敏锐感觉和驾驭视觉整体秩序感的能力。另一幅"人物"作业（图3-89），由圆柱体、圆锥体的拼接完成，形式很简洁，显得单纯而有力度。

7."单车"

创作这张图时（图3-90），作者开始并没有很明确的构思意图，就先起

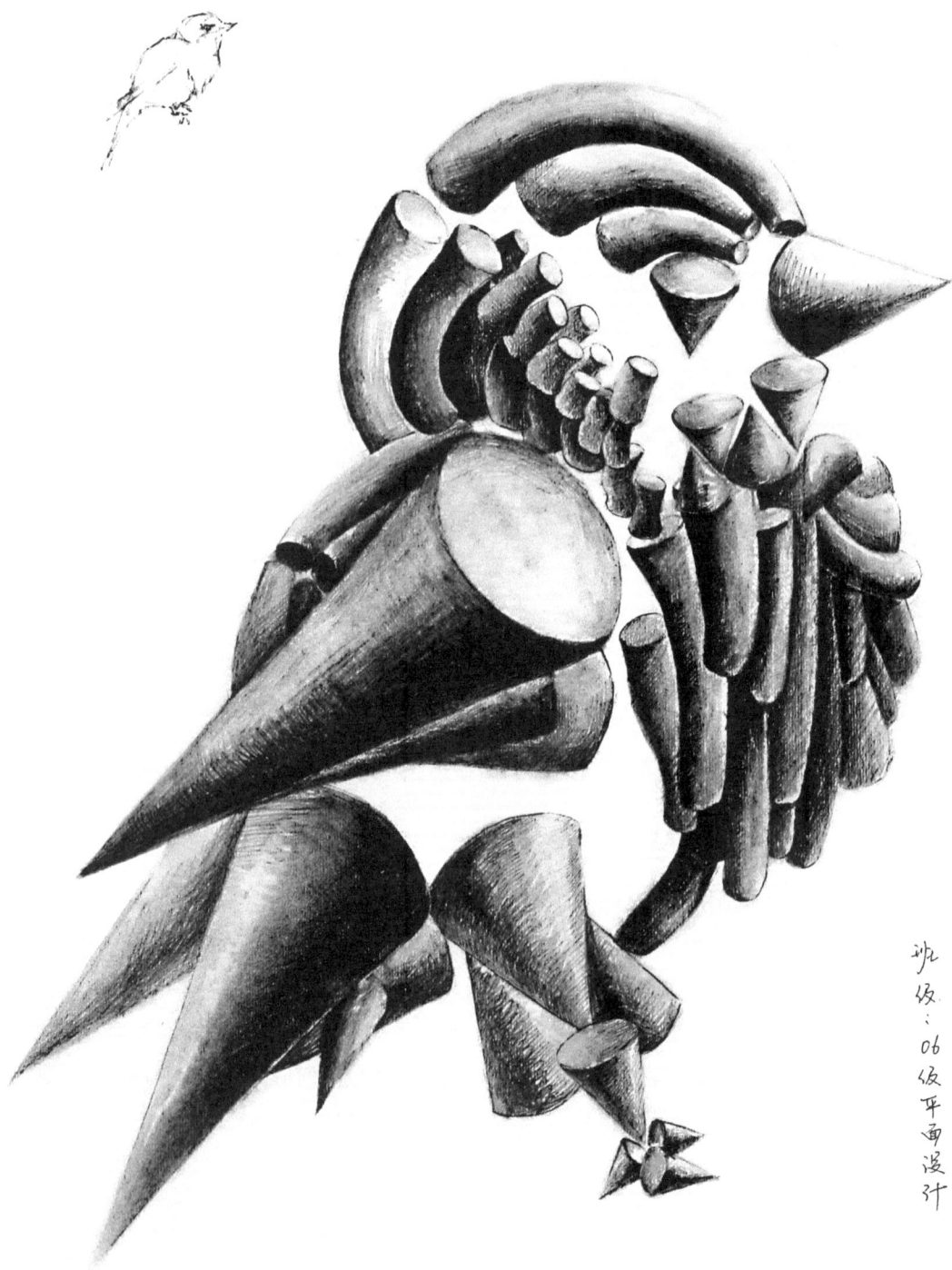

图3-88 "鸟"（学生作业）

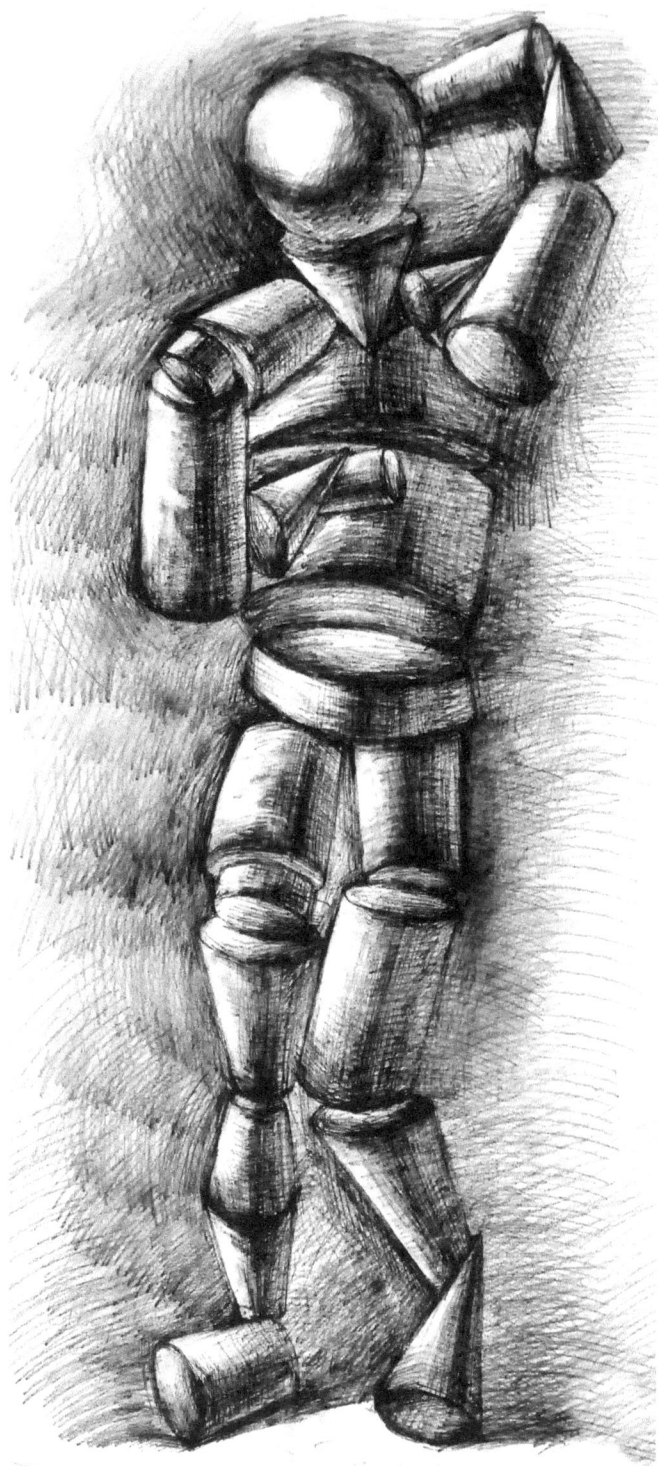

图3-89　“人物”（学生作业）

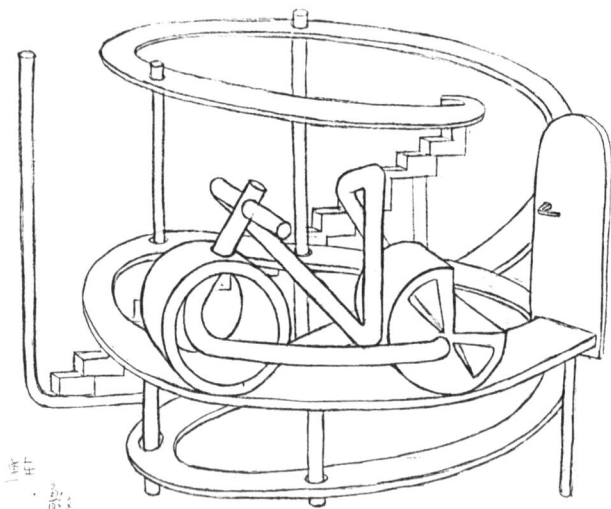

图3-90 "单车"（学生作业）

手画最简单的形，一步步自由组合的过程中，随机应变、因势利导，慢慢地画面出现了"单车"的形象。画面最后效果是事先没有预料到的，相较于一开始就有创意主题，逐步去实现，这张图的创意方式可以算"意在笔后"。

总结本节课练习的内容，在我们的教学环节中，要重视对良好学习状态的培养。同学们作练习时，要心态放松，往往灵感会不期而至。这样的状态也更接近于艺术"游戏性""趣味性"的本质。就像孔子说"游于艺"，对此钱穆先生解释："游，游泳。艺，人生所需。孔子时，礼、乐、射、御、书、数谓之六艺。人之习于艺，如鱼在水，忘其为水，斯更游泳自如之乐。"学生是课堂教学的主角，学习过程保持一种积极主动的探索状态，这比一幅画的成败得失更有意义。

第六节　抽象造型：从"形"到"型"

在现代汉语表述中，"形""型"的意义有所不同。"形"的基本意思是形状、形貌，比如"形体""外形""形色""形神"；"型"的基本意思是铸造器物用的模子，引申指事物的类别、规格等，如"造型""型号"。"形"的内涵是多样的，它可以是"客观之形"（如自然物象），也可以是"非客观之形"（如数理的点、线、面）等。在这里我们理解的"形"是经过作者主观过滤，进行提炼、加工，符合审美规律的"艺术之形"，它超越了"客观之形""非客观之形"；而所谓"型"就是由"形"生成的审美图式，其中含有个人的精神意志和艺术思维，也折射了时代文化和社会因素的影响。

一般意义所谓"抽象"，指从众多具体事物中舍弃个别、非本质的成分，而提取共同、本质的属性。抽象是认识事物，形成概念的必要过程。在造型艺术领域，"抽象"是与"具象"相对而言，抽象造型的基本特点是不具备任何客观物象的可识别性，所以抽象艺术也被称为"非具象艺术"或"非客观艺术"。在西方现代艺术发展史中，抽象艺术是重要的组成部分。关于抽象主义艺术的定义，专业的艺术理论有详细解释①。结合本课程教学内容，这里仅作简单的理解，比如我们可以从苹果或者太阳的具体形态中，提取共同、本质的属性"圆形"，"圆形"一旦成为造型元素的"形体"，它就脱离了自然物象，而具有独立的造型意义。抽象造型不需要承载对现实生活的情节叙事功能，其艺术表达目的在于追求造型形式单纯的视觉美感。

---

① @知识链接：什么是抽象主义艺术？比利时抽象艺术理论大师苏福尔在《抽象绘画辞典》一书中，为"抽象画"下的简要定义是：在绘画里，凡其形象切断了自然或现实世界之间的脐带，以致无法辨识、联系或思考其形象的绘画均称之为抽象画。因此，构成一幅抽象画须具备下列两个条件：第一，绘画中不含任何可辨识的形象。第二，绘画是由形象、色彩、线条及空间等纯粹绘画元素所组成的独立的造型世界。

一、单个形体的自由转折

法国艺术史家泰纳在《艺术哲学》中有句名言："一件造型艺术的作品，它的美首先在于造型的美；任何一种艺术，一朝放弃它特有的引人入胜的方法而借用别的艺术的方法，必然降低自己的价值。"

　　要表达出独特的形式感，就要培养造型的想象力，并且还要能做到心手合一，把思维方式的"想象"变成视觉方式的"形象"。这对于检验同学们徒手绘画的造型能力是不小的挑战。这次课堂没有摆放实物做教学参照，完全要你凭空想象一个具体的视觉形象。一开始有些同学难免感到手足无措，面对画板脑子是空的，什么也想不起来。这时候不要心急，尝试从基本形体入手，运用讲授过的造型原理慢慢地进行形式推演、逐步发挥，比如：形体的扭曲、折叠、自由伸展等。在练习过程中，要细心体验形体变化的规律，然后由简入繁进行深入。这时候你千万别不动手，或者只是一味地苦思冥想，因为空想是无济于事的。

　　例如这幅图（图3-91），发挥了形体转折的造型思路，表现一个简单的几何体在三维空间里，从一点出发，全方位地自由伸展，画面形式越来越丰富。这种手法在字体设计中经常使用。

图3-91 学生作业

二、多个形体的组合

　　当多个形体组合时，结构方式要尽可能"简单"，从中体验单纯形式里蕴含的美感。否则，画面视觉秩序就容易变得凌乱。我们要提醒一个道理：形体组合练习不是越复杂越好，而是越从简单的形体组合练习开始，就越容易理解造型原理的根本问题，作业也更容易上手，很快进入学习的状态。相反，如果不了解基本的造型原理，却一味追求繁琐的制作，就往往事倍功半，违背了我们训练的初衷。

1. 步骤解析

我们要求练习中要思路清楚，从理解形体造型的基本规律开始，逐步深入。作业中要看到思考造型原理的痕迹，这是学习中一个必要的过程。

（1）基本形

一张作业从构思基本形开始，基本形一旦确定后，接下来就是如何处理形体的关系组合，直到完成画面。需要注意，基本形要单纯，少则一两种多则四、五种，如果基本形过于繁杂，画面构成往往会显得凌乱。

（2）结构方式

形体造型的不同结构方式可以产生各自的形式趣味，但是画面中的结构方式不宜多。如果结构方式过多的话，会造成互相冲突，彼此削弱，使得造型整体的形式感失去明显的特征性，视觉秩序混乱。

（3）组织画面

要让画面既整体和谐、气息连贯，又要细部精致耐人咀嚼，这是作业练习的难点。作业的过程中，要注意把握视觉效果的疏密对比、形式呼应、主次虚实等关系。这些造型的形式法则都有一定规律可循。

2. 课堂训练范例

本节课作业内容，通过几何形体的组合结构，完成抽象造型创意。练习中要思路清晰，从基本的造型原理出发，对造型的结构细节要多下功夫推敲。有了缜密构思和细致的表现，这种造型的形式趣味就不会感觉到简陋和粗糙。作业的具体要求如下：

第一，要有步骤草图，从中整理思路，理解基本的造型原理。

第二，基本形要单纯，从练习中总结形式构成的规律。如果基本形过于复杂，造成思维混乱，画面变得难于控制，这也就失去作业的意义了。

第三，造型练习的过程中，要加入个人的审美意识，强调学习的主动性。注意画面整体的形式秩序和对比关系的和谐。

下面是一组课程作业的范例。同学们可以结合图例和讲解，以加深理解。

（1）方体与圆柱体的咬合、穿插

对有些人来说，如何较好处理画面的视觉秩序感，思维容易产生混乱。所以在初学绘画时，会强调整体意识的重要性。我们训练的目的就是要经过专业化培养，使同学们的思维变得清晰，具有条理。这两张作业都有造型原理的草图，按照从"基本形、结构方式到组织画面"的步骤层层推进，从中体现出对形式规律的理解以及作者对造型的理性分析过程（图3-92～图3-94）。

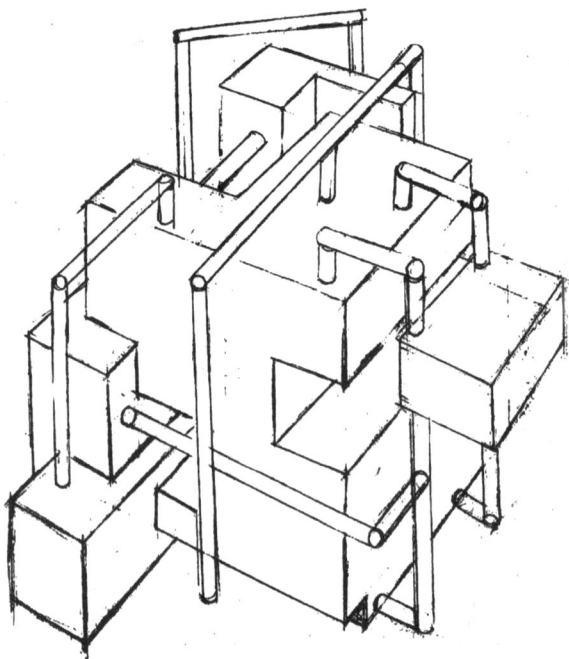

图3-92　学生作业1

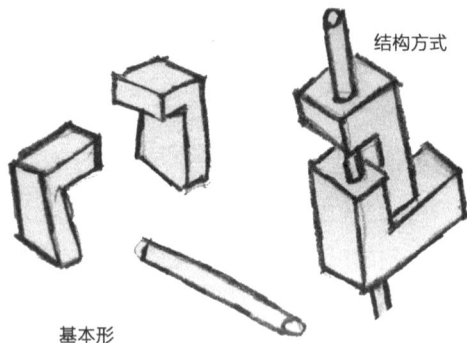

基本形

结构方式

图3-93　造型原理（图3-92附图）

图3-94　学生作业2

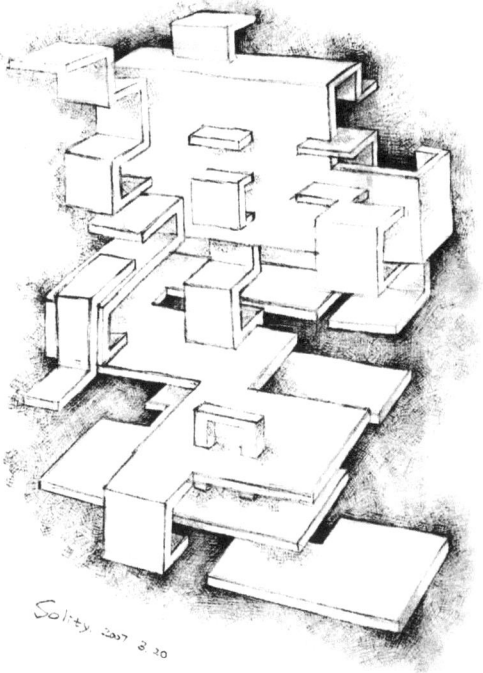

图3-95　学生作业3

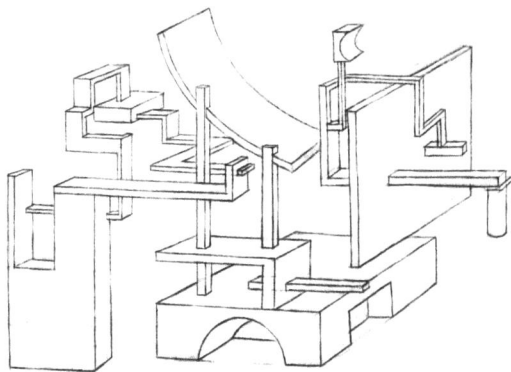

图3-96　学生作业4

（2）方体的空间弯曲、穿插

我们强调："画面要追求有秩序的丰富，不要杂乱无章的繁琐"。

作业运用单纯的基本形和结构方式，同样可以生成丰富的画面效果。举个例子，一块砖头是"简单"，但如果是许多砖头，按照一定的垒积方式集合起来就是"丰富"，而且会具有明确的视觉秩序感和规律性，所谓造型的形式感，就是这样产生的。反之，如果是把砖头、玻璃、砂砾、布团等随意堆砌在一起，那就是"凌乱"！也不会存在什么秩序感和规律性。

这两张作业（图3-95、图3-96）的形体组合丰富，但造型的基本思路都很清晰。造型由形体与形体组合，产生诸多的结构点，使得画面给人感觉比较精致。这种视觉效果来自结构形式的"量"，而不是无结构的"繁琐"。往往画面构成的视觉效果显得混乱，就是因为缺少可以清晰辨别的内在秩序。

（3）圆柱体、方体的缠绕

这幅作业（图3-97）以圆柱体、长方体作为基本形，进行反复地缠绕、穿插。形体空间由远及近，暗示出一定的深度，造型生动气息顺畅。各种形式元素彼此关联呼应，画面秩序井然。另一幅作业（图3-98）在处理形体转折的细节时，体现出"致广大尽精微"的理解，把局部"放大"来画，以大观小，细节

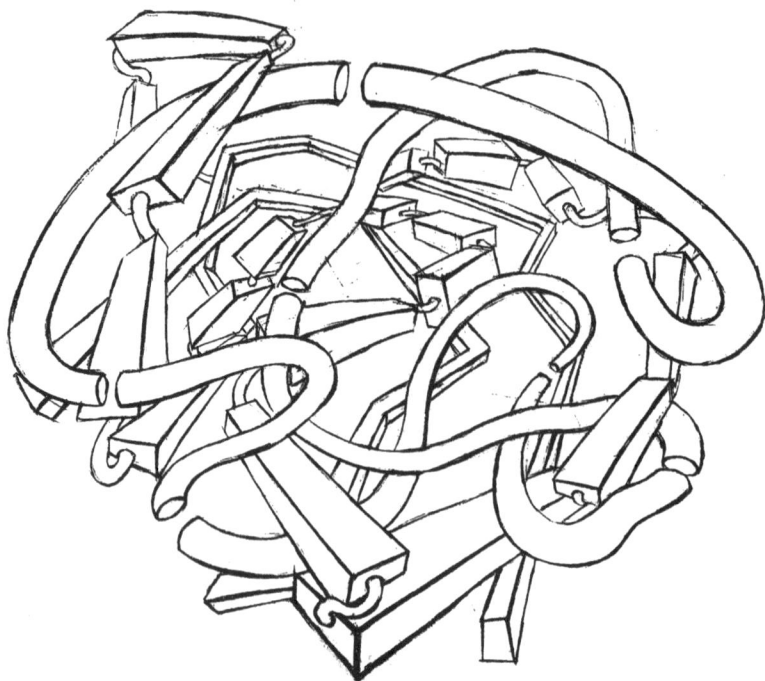

图3-97　学生作业5

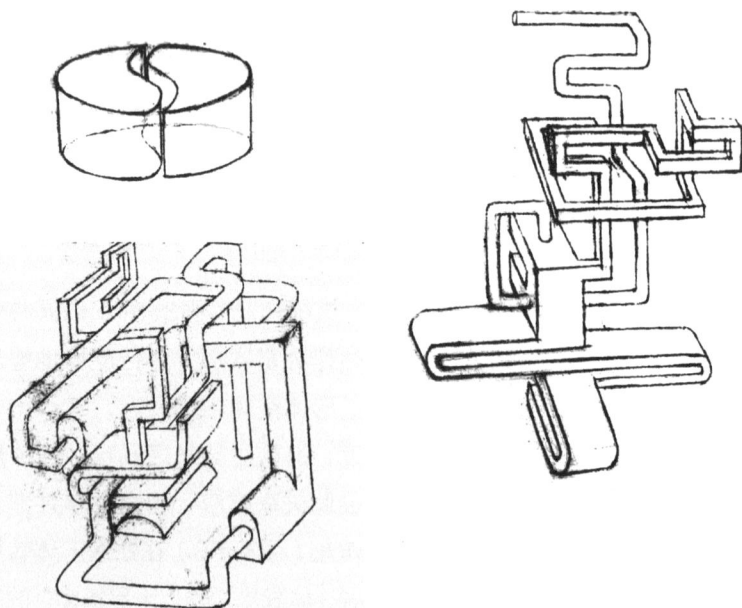

图3-98　学生作业6

图3-99 学生作业7

决定成败。画面中一个细小局部，都想象成纵横交错的空间结构，使造型表现更加精到透彻。同学们开始着手作画，可以先确定整体布局，有大的构架，然后进入细节处理；也可以直接从细节下笔，慢慢生发空间联想，这两种方法都可以。

（4）不规则形的卷曲、

这幅画（图3-99）以作为基本形，结构方式选穿插。形体通过反反复复地加了视觉的层次感，同时也体之间强弱主次、虚实疏密比，使画面形成明晰的秩序形体造型有较好的控制能力明暗色调来强化画面体积感意的是：这里的"明暗调子"一般意义的明暗素描的手法，造型表现的辅助手段，不要为调的表面效果，而影响了对造型结构细节的表达。

@知识链接：现代公共艺术的"形体造型"分析

在现代艺术中，探求造型自身的审美价值是一个重要命题。现代谓"纯造型"即是在追求抽象的形体结构所产生的视觉形式感，它会更为单纯质朴的精神境界。这种艺术理念可以应用到雕塑、绘画等纯领域，同样也可以应用到视觉传达、公共艺术及建筑设计等设计艺术艺术）的领域。从这样的思维角度，我们就可以让"设计艺术"和"纯进行对话。本教程的造型教学，就是强调把设计艺术和纯艺术两者的"打通"，相互结合进行理解和实践。

事实上在当代社会，"设计艺术"和"纯艺术"的界限已经慢慢地弱化，

尤其在西方的现代美术馆中,"设计艺术"和"纯艺术"作品往往在一起展出,受到同等的尊重。从20世纪初现代设计艺术风气兴起,一直延续至今,其艺术流派从包豪斯风格到极少主义的流行,可谓林林总总,从中反映出现代人审美倾向的变迁。在今天生活中,我们身边天然的视觉形式逐渐减少,而被包围在各种工业化图形和信息时代的图像中。每个人都经历着都市化的快节奏生活,因此追求单纯、强烈、富有视觉冲击感的造型形式,成为现代设计艺术的重要倾向。它集中体现在造型的形式上去除繁杂的装饰,视觉表达追求纯粹性、直接性,凸显"实用、理性、简洁"特征。这也是现代艺术的共性之一。

这是一组抽象风格的城市公共雕塑作品(图3-100~图3-102),造型大方,与空间环境浑然一体,充满着强烈的时代感。与具象风格的雕塑相比,它们展现的是"非客观美",即没有明确告诉观者是表现什么具体的事物,而是侧重揭示一种精神力量,营造出丰富的艺术遐想空间。这些现代公共艺术作品的造型原理单纯而清晰,由简单的几何形或者自然形组成,运用了"拼接、穿插、缠绕"等结构方式。我们理解了这些造型原理,就能对作品的造型创意有更深入的领悟。

这组现代建筑艺术(图3-103~图3-105),分别是弗兰克·劳埃德·赖特设计的流水别墅,贝聿铭设计的美国国家大气研究中心,约恩·乌松设计的悉尼歌剧院。作品摆脱了传统建筑形式的束缚,运用新的建筑语言,表现出纯粹而鲜明的设计风格,带有理性主义色彩。

"建筑是凝固的音符,音乐是流动的建筑",这是因为建筑和音乐的艺术

图3-100 现代公共艺术——街头雕塑1

图3-101 现代公共艺术——街头雕塑2

图3-102 现代公共艺术——街头雕塑3

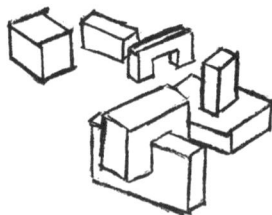

图3-103   现代建筑的造型原理解析——流水别墅

图3-104   现代建筑的造型原理解析——美国国家大气研究中心

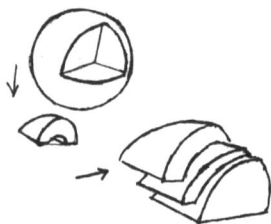

图3-105   现代建筑的造型原理解析——悉尼歌剧院

语言带有抽象性的本质。往往具象艺术表现的内容和主题，会把读者的理解引导向某一限定范围，那么抽象艺术给人的想象空间就更为自由和宽泛。这正是建筑和音乐艺术审美的相通之处。

我们也可以运用所学的知识，来分析这些建筑作品的造型原理。以悉尼歌剧院为例（图3-105），它的造型原理比较单纯，基本形是球体切分而生成的切圆形，通过这些形体的穿插，组合成一个生动连贯的整体。这些不同的弧形，形体高低、大小错落有致，彼此映衬，展现出个性鲜明的视觉美感。造型创意好像是鼓起风帆的航船，又像是漂浮在海面上的洁白贝壳，给人以丰富的想象，显示了作品不同凡响的艺术魅力。

再来看几位建筑师的设计手稿（图3-106、图3-107）。画面充满了几何形体的结构组合，从中表现出严整的形式秩序感和清晰的思维逻辑，其造型构思也正体现了现代设计和现代艺术观念的相互融通。

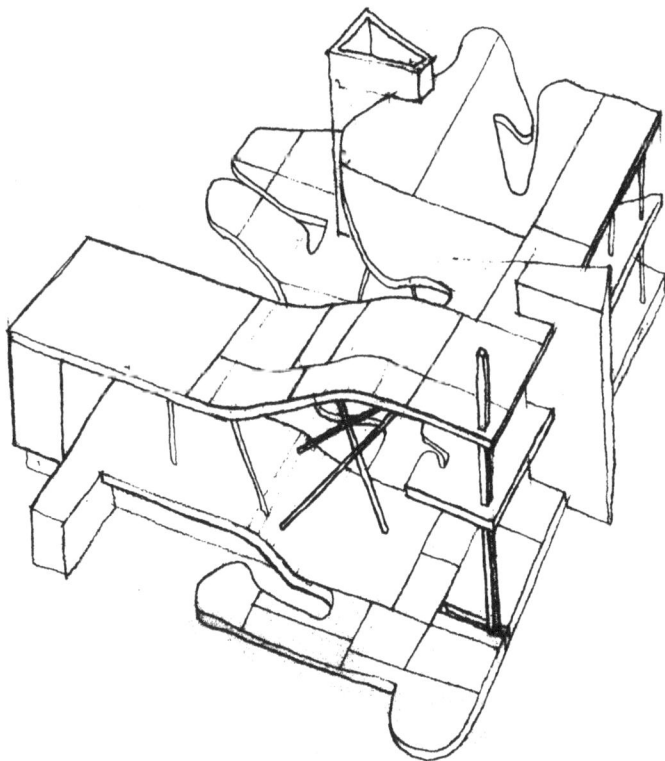

图3-106 当代建筑大师设计草图1

图3-107　当代建筑大师设计草图2
（来源：（英）威尔·琼斯·建筑大师设计草图［M］.J格菲，译．北京：中国建筑工业出版社，2016.）

第七节　抽象造型：主题性创意

　　抽象造型如何传达某种主题意图呢？这种主题可以是作者在创作过程中有意赋予的一种想法，也或者阅读中产生的感想和体验，是读者主观构建出来的。当然抽象艺术所传达的某种主题，并不像具象艺术那样，明确地告诉读者是在表现什么具体事物或情节，所谓抽象艺术的主题性只是一种精神性意象，它带有一定的引导性、模糊性。这就有些类似于西方音乐中的"标题音乐"与"非标题音乐"[①]的区别。

　　也就是说，纯粹的形体造型可以围绕一个创意主题，利用造型自身的语言传达某种"立意"，通过文字标题引导与读者心理进行沟通，引发共鸣。这些"标题""立意"内容是精神性的，带有情感体验的特征。

　　最后需要指出，我们做形体造型练习时，无论是有主题性还是无主题性，这都不同于文学作品以文字描述方式来传达意义。形体造型练习一定要利用"造型"本身，从造型形式引发视觉思维，产生情感想象以此来感染读者。

一、形体造型的视觉联想

　　美国艺术心理学家阿恩海姆在《艺术与视知觉》中认为："一切知觉都包含着思维，一切推理都包含着直觉，一切观测中都包含着创造。"阿恩海姆反对用"联想"或者"移情"来解释艺术形式的表现性，他指出，艺术作品是以主体的知觉行为为基础的。艺术形式之所以能表现一定的情绪因素，主要取决于知觉式样本身以及大脑视觉区域对这些式样的反应。而在《视觉思维》中阿恩海姆又提出"视觉思维"的概念，"视觉思维"又称"视知觉"，其核心观点"视觉是具有思维能力的知觉，而艺术又是视觉思维在最高程度上的充分显现。"传统观念认为，知觉是感性活动，思维是理性活动。但是，阿恩海姆从心理学研究的角度认为，知觉也具有理解能力，知觉理解具有整体性。它可以通过选择、把握、分析、综合、抽象、简化、纠正、补充等方式，探索和比较事物的本质，来判断和解决问题，因此它具备和其他高级的心理活动一样的功能。在人对艺术活动的认知范围里，知觉尤其是视知觉能力具有关键性的意义。

因此，我们说即便"纯造型"的视觉形象也可以传达出一定语境，带给观者不同的心理联想。基于这种理论认识，本节课的练习就是尝试通过形体造型的方式，表现类似于"腾飞、宁静、雄壮等"的某种主题。

和我们之前的练习方法一样，作业可以先有想法，接下来寻找相应的图式来表现，也可以先建构图式，在过程中或者完成后，发现它契合了某种知觉感受，再命名题目，即"意在笔先"或者"意在笔后"。

二、从ideal到"形象"表达

想要画出一张满意的形体造型作业，没有好的艺术构思是很令人头疼的。但是，造型艺术一定是依靠"形象"表达，来完成构想的。也就是说，只有把艺术构思转化为视觉形象，那才是有意义的。所以在作业练习中，创意构思始终要围绕"视觉形象"展开，这样你的想象力才不会空洞。抽象造型创意训练的意义，就在于强化对这种"视觉的想象力"的培养。

1."力量之美"

形体造型的语言可以表现出比如：刚与柔，轻巧与粗笨、平正与险绝等语境。这幅作业（图3-108）的造型方式选择了几何形体的穿透、折叠。作者预设了关于力量之美的主题，但是却没有让主题意图

图3-108 学生作业1

干扰造型表达，而是通过经意地形式感设计，把形体造型推上"前台"成为"主角"。画面选择了具有鲜明个性的矩形，展示形体强健有力的视觉特点，以体现主题性。形体构造简明、结实，整个造型气魄宏大、富有量感，充满形式意味。

画面还运用了一些色调处理手法，光源是虚拟出来的，依照不同的角度，设计受光面、灰面、明暗交界线、暗部和投影的明暗关系。作者通过对形体转折的理性推演，反复地锤炼造型。这一过程也是在慢慢寻找艺术创造的激情，并把它呈现在画面中，最后打动读者。

图3-109　学生作业2

2. "聚集"

这幅作业（图3-109）的表现风格简洁、明快、纯净。画面的形式完整，在单纯的黑白对比中，有一种强烈的视觉感染力。黑色背景上许多几何形堆积在一起，使主题性更为明显。一张课堂练习作业被赋予了创作的思考，富有现代设计艺术的意趣。

3. "心结"

这个标题有一些文学色彩，很容易让人产生联想，但是如何用形体造型的视觉语言方式表现这个主题呢？

在这幅作业中（图3-110），长方形的缠绕、穿插完成造型创意。几何形本来显得严肃端正，但是利用形体的扭动，就变得灵活多姿，具有另一种形态意味。作者以这种形式感来表现心绪的纠结烦乱，画面中的各种形体环抱在一起，整个造型在形体的抽动中越收越紧，似乎是永远不能彼此脱离，获得解脱。

图3-110　学生作业3

图3-111　学生作业4

4."迷惑"

　　这幅画（图3-111）造型元素简单，但视觉效果却显得很丰富。造型运用了方体与圆柱体的榫接、穿插，形体结构富有新意。画面成功处理了虚实、疏密的对比关系，形式由远及近，很有层次感。作者很经意地在整体风格的方形中，突出一个圆形的结，形成视觉中心，也较好统一了画面秩序感。画面的明暗色调表现很主动，将最重的颜色设计在视觉中心位置，并依次向周围淡化，这样的处理显得很提神。

　　我们的课程学习，根本任务就是解决同学们造型能力的问题。如果现阶段没有好的能力积累，进入相关专业学习后，许多能力缺失可能就暴露出来了。而如何让造型训练与相关专业课程能够有效地衔接？其实我们在安排每一个教学环节的内容和知识点中，都含有一定目的性引导。

三、草图构思"一定要围绕形象入手"

20世纪初，西方心理学出现格式塔理论，强调经验和行为的整体性。这种观念被推广到造型艺术范畴，也称为"完形美学"。代表学术流派就是在20世纪中叶，现代心理学家阿恩海姆的格式塔美学，认为视知觉是艺术思维的基础，并由此提出了"力的图式"说，把艺术表现总结为力的结构，而"同形"是艺术的本质。阿恩海姆认为，不同的形体都蕴含着某种"力的图式"。艺术样式的和谐、平衡、运动，这些都是由"视觉力"实现的，它不仅可以判断某种形象在整个视觉区域中的位置，而且，形象的各个部分和视觉的整体形式之间，会形成一种关系，即是"力的图式"。因为有了这种力的作用图式，人才可以感知到运动、平衡等视觉形式的特征。阿恩海姆的这个观点对我们理解形体造型，很有启发意义。

不同的造型形式，都会激发人联想，产生某种心理情感。这里需要强调，欣赏抽象造型艺术作品时，即便是我们借助文字标题的解释，可以起到一定的心理暗示和引导作用，使自己的某种心理感受变得更为明显和强烈，但是这种审美体验首先是来自于造型自身传达的形式感染力，而非文本阅读的文学意象。当然，艺术品阅读也是开放的，当作者完成作品后，艺术欣赏的主动权就交给读者，作品意义可以由读者来主动阐释。因此抽象表现类的艺术品的意义都不是唯一的，每个人都会有不同的感悟。

这节课，同学们可以依据自己的生活感受进行自命题作业，尝试着用形体造型的方式表达出来。也可以参考下面主题，例如：

从运动状态思考："舒缓""飞舞"……

从心理情绪思考："幽静""深沉"……

从形象特征思考："柔媚""威猛"……

下面是毕加索手稿（图3-112）和学生作业草图（图3-113～图3-115），它提示我们在练习中艺术构思一定要从"形象"入手。一开始可以用勾草图的方法，寻找合适的图式语言，一步一步来完善造型。作业过程切不可一直停留在纯粹意识活动的"苦思冥想"中，要一边画一边思考，这样混沌的思维才能慢慢地变得清晰，最后通过具体的艺术形象来实现内心意图。

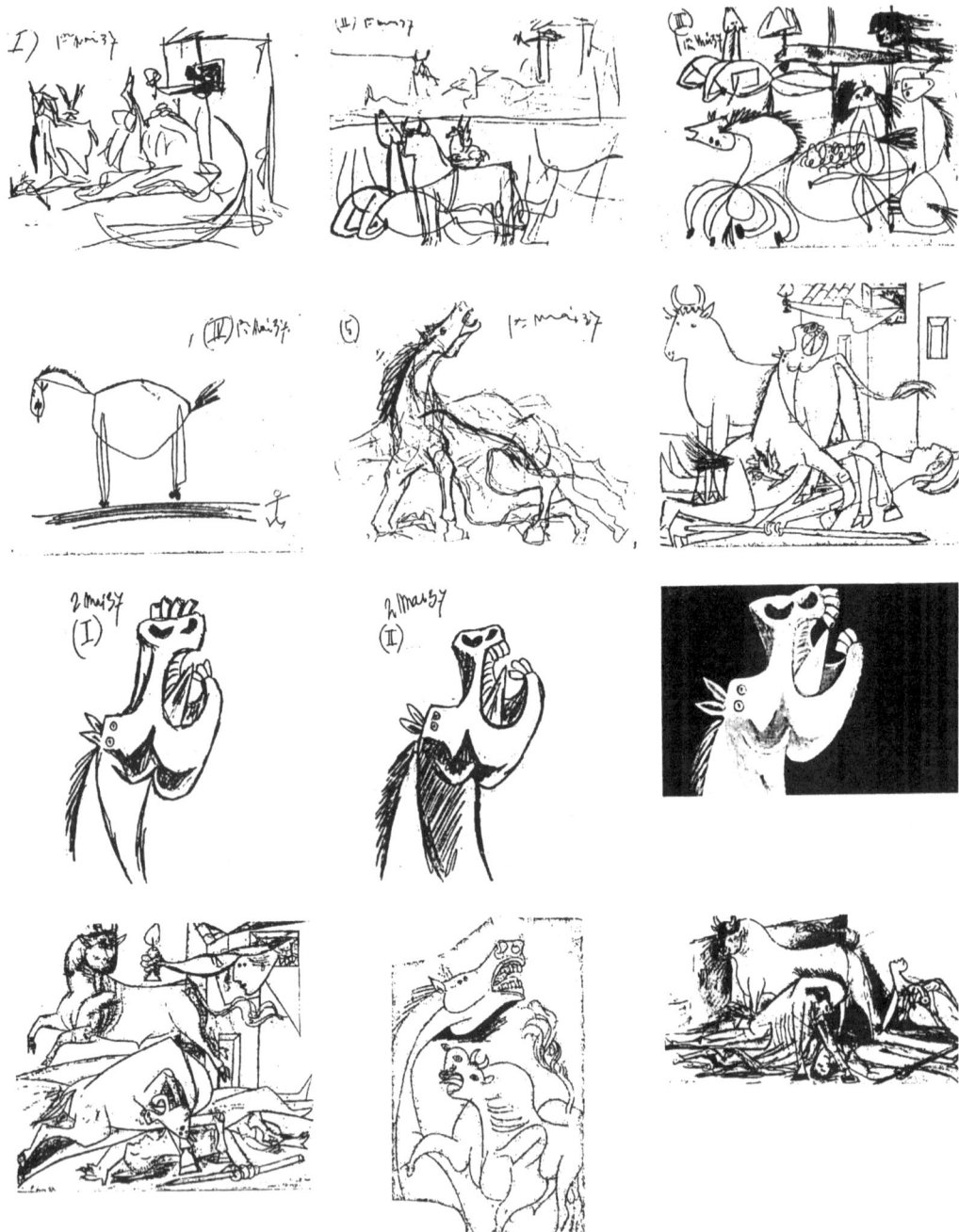

图3-112 毕加索的作品草图

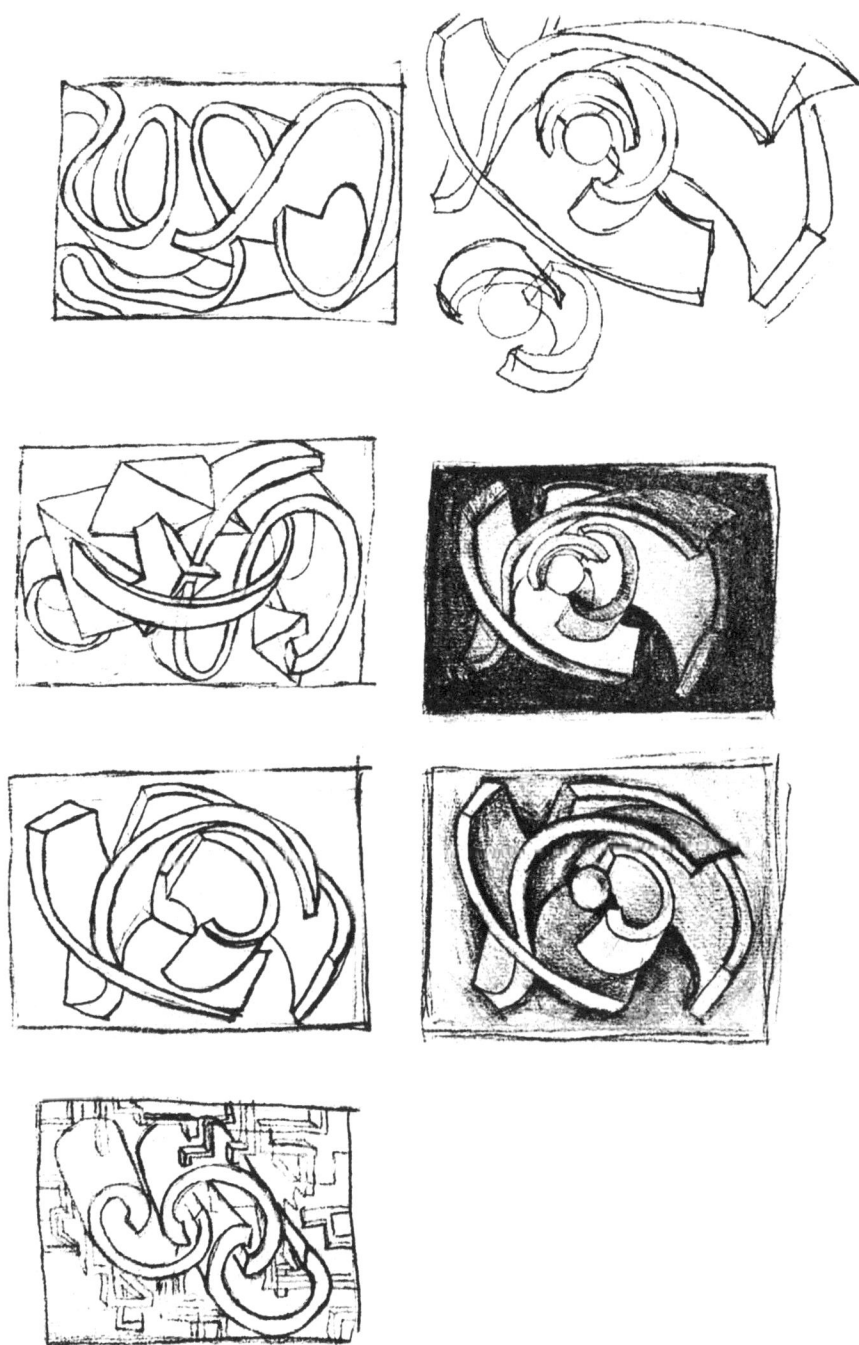

图3-113 学生的作业草图1

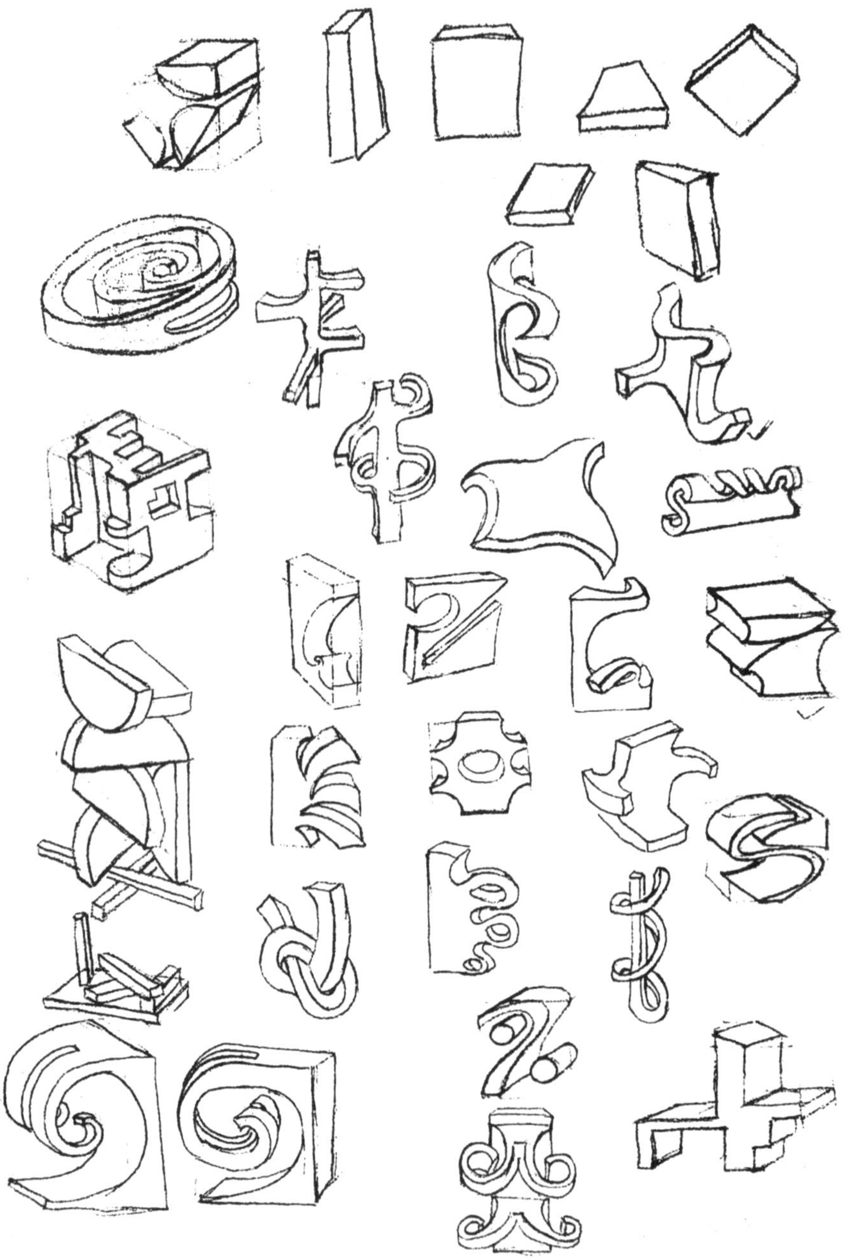

图3-114　学生的作业草图2

图3-115　学生的作业草图3

第四章:

平面空间的

造型创意

第一节　平面造型的形式语言衍变

人类用图画的方式理解世界是从"平面"描绘开始的，这在世界各民族的原始艺术、古代艺术中可以找到大量例子。西方艺术到了文艺复兴时期，发现了焦点透视原理，这使绘画真正实现了在平面的媒介（如画纸、墙面）上表现立体空间，塑造出栩栩如生的"视幻效果"。在古典主义艺术阶段，强调绘画是对现实的模仿，通过塑造画面的立体感和空间深度，以追求艺术表现的视觉真实性。这一艺术传统延续了数世纪的漫长时空。19世纪末，西方现代主义艺术诞生，艺术观念随之出现重大转变，即艺术表现不再追求模仿现实生活的真实性，而是试图表达造型自身的独立审美价值，揭示艺术家的自我精神世界，从中突显艺术创造的主体性。

这种艺术观念的革新也是对时代风潮的回应，因为当时的西方文明经历了启蒙主义运动进入现代社会，人的独立意志不断觉醒，倡导个人的价值创造和人性的理性自觉。这些人文思想成为现代文化的主题，也催生了新的艺术观念。

一、古代艺术"平面"表达的智慧

造型艺术所谓的平面空间即二维空间，是由长度和宽度两个要素构成的，它区别于三维空间（立体空间）具有长度、宽度和深度的特征。事实上，在现实生活里，即便一张纸也有一定的厚度，所以这里说的"平面"只是人们用视觉感知世界、认识事物的概念性理解。

世界不同民族的原始、古代艺术中，充满了大量平面造型的文化遗迹（图4-1~图4-4）。在人类早期文明阶段，人们要表达对世界的认识，也发现和总结了不同的艺术规律。例如，中国传统绘画的"散点透视"，日本平安绘卷的"吹拔屋台"画法，古埃及壁画的"正面律"原则，印度细密画的"色面造型"方法等。这些艺术理解是基于古人的感性认知，试图还原所感知到的客观世界的视觉图像。

古代埃及壁画奉行"正面律"原则（图4-5），即人的头部外形是侧面，眼睛、肩部及上半身是正面，腰部以下又是侧面。这其中体现了古代埃及人的"唯实思维"（即"现实性思维"，相对"向我思维"而言）方式。因为侧

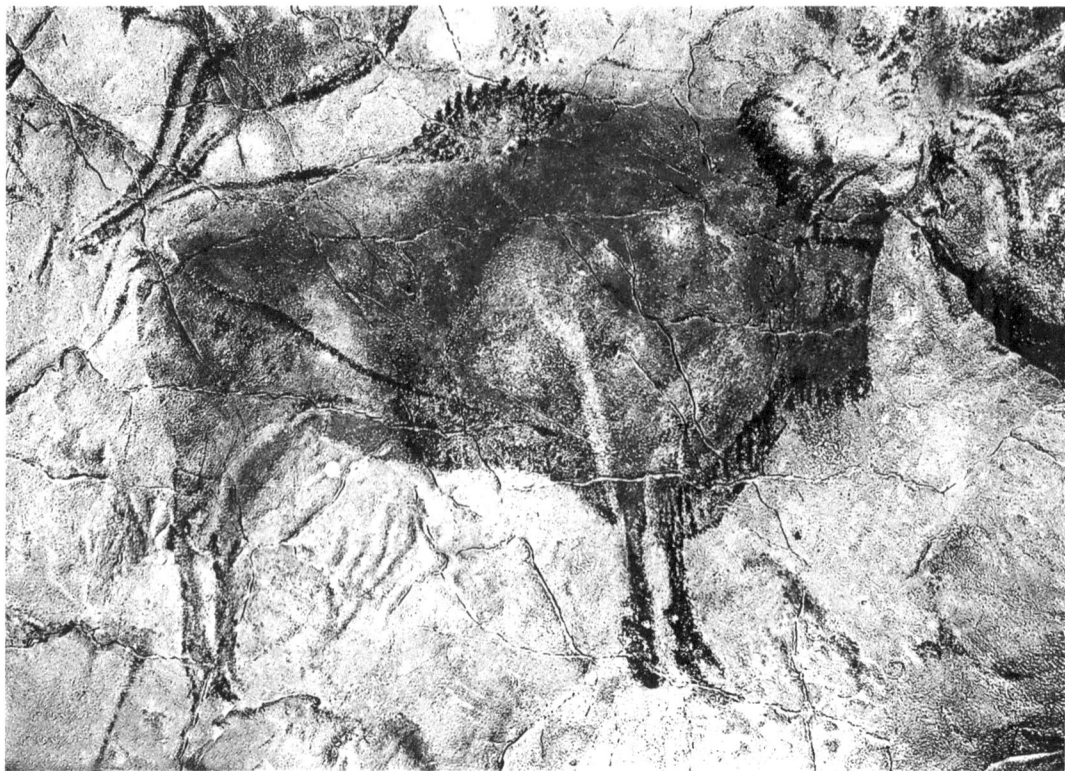

图4-1 阿尔塔米拉洞穴壁画（西班牙史前时期）

图4-2 武梁祠画像砖（中国汉代）

图4-3　阿帕达那宫浮雕（伊朗古代）

图4-4　亚述巴尼拔王宫浮雕（伊拉克古代）

图4-5　王后尼菲尔塔丽墓室壁画（古埃及新王国时期）

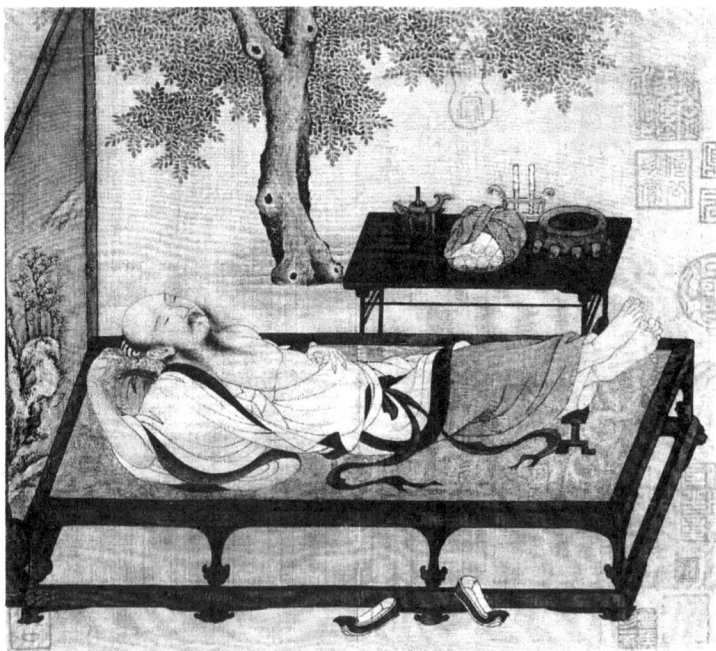

图4-6 《槐荫消夏图》（中国宋代）

面可以表现人鼻子的凸起，正面可以表现人完整的眼睛和四肢，这样才符合真实的人体形象特征。古埃及壁画还习惯用水平横线分割构图，人物、动物成排出现，以此表达对人与神秩序的敬畏，这种造型方式也就含有了特定伦理学的意义；在中国古代绘画中，还出现一张桌子近小远大的"反透视"现象（图4-6），这种形体表现意识，包含着中国古人对现实世界规律的"类型化"认识意图：桌子后一部分是用眼睛正视观看的"大"，前一部分是用眼睛余光观看的"小"，这就是一种空间暗示；古代日本绘卷"吹拔屋台"画法（图4-7），即是采取从右上方俯瞰角度，直接去掉房间的屋顶，进入室内描绘。这种方式适合表现寝殿建筑中的屏风和软障，展示室内各种敷色华丽的饰物，易于引导观者产生空间联想，自由灵活地展开复杂的故事情节刻画。它也影响到后来日本的浮世绘艺术的造型特征。

　　从这些中外不同民族艺术的表现手法背后，我们可以感受到远古人们丰富的精神世界和朴素的世界观认知。

　　从古埃及人惯用的平排铺叙的空间处理方法，到文艺复兴时期艺术的焦点透视法，在这一艺术观念衍变的过程中还出现了其他典型例子。公元前4世纪雅典卫城的骑兵浮雕（图4-8）又是怎样表现空间关系的？如图所示

图4-7 《源氏物语绘卷》（日本古代）

（图4-9-A）：当时人运用前后马头连马尾的遮挡方法，表现马队前后层次。这种空间处理手法，也充分体现了浮雕艺术的装饰功能性。如果依据焦点透视规律（图4-9-B），马队应该近大远小，但如此表现并不适合浮雕的艺术形式需要。这说明人类远古艺术不仅承载着特定时代文化精神，其中也有对某些艺术普遍规律的认知，所以直到今天依然散发着永恒的艺术魅力。

图4-8　雅典卫城帕特农神庙"骑兵"

图4-9　雅典卫城浮雕的造型分析

古印度细密画（图4-10）艺术表现比较主观，以简练的平面形作为造型母题，按照造型的形式规律来布局画面，表现形体、时空关系以及情节内容。画面还运用"边框"呈现出虚拟的视觉"舞台"，在一个既定平面空间协调视觉秩序；有时也会刻意突破限制，把边框表现为房屋外墙或庭院围栏，让部分形象画出边框之外，以活跃画面形式。另外，中国传统的民间剪纸（图4-11）也有类似的平面造型方式。剪纸与细密画的共同点，就是画面形式的逻辑大于生活的现实逻辑。剪纸因为受到造型形式的限制，图形之间必须有粘连，才能把所有视觉要素连接起来，构成整体的画面。所以剪纸的画面把平面与立体、纵向与横向、俯视与仰视融为一体，做到多时空、多情节并存，既具象又抽象，其展现的"意象空间"造型表达自由，视觉效果舒适，充满了形式意味。

从以上这些平面造型方式中，我们可以体会到，伴随不同时代和民族的文明形态，人类的艺术实践会呈现出各具特征的造型观念，它的衍变过程也是一种复杂的文化现象，不能用历史进化论的价值观评判孰优孰劣。

图4-10 细密画（印度17世纪）

图4-11 民间剪纸（中国当代）

二、现代艺术"回归平面"

这里先解释艺术表现的"平面"

和"平面化"。

　　从19世纪末20世纪初兴起的现代主义艺术，艺术追求的目的不再是视觉"真实性"，而是凸显"造型"本身的独立审美价值。其艺术语言变革的重要特征性之一就是平面化，这也预示着现代艺术和古典艺术的决裂。从原始、古代艺术的平面形式，到古典主义艺术观念追求"视幻效果"的空间深度，再到现代艺术回归平面化，这一过程并不是简单循环或重复。原始、古代绘画的"平面"形式和现代绘画的"平面化"表现，前者出于早期人类感性的经验认知，后者是艺术语言的高度自觉，内涵现代艺术独立的精神追求和人文涵义。

　　从艺术的形式语言分析的角度，现代主义绘画的艺术表现，扬弃了对空间深度追求而走向平面，这其中塞尚的艺术是关键拐点。虽然塞尚艺术并不是完全的平面图像，仍然有一些空间感存在，但是他提出"形体"造型的艺术观念，却引导了西方现代艺术的发展。特别是之后受其影响的立体主义流派，进一步深化塞尚观念，开创了形体重构的艺术手法，艺术表达走向对立体空间的反叛，彻底地改写了以往视觉艺术的表现内容和语言方式。立体主义艺术思潮作为一种新方法、新观念，极大地推动了西方现代绘画的进程。20世纪中期以后，在西方现代艺术诸多流派中，"平面化"的追求更为纯粹。对此，美国艺术评论家格林伯格解释说："平面性，也就是绘画三度空间的消失，是因为绘画为了实现'自身'，明确绘画本身的特性，越来越倾向于媒介，而产生平面性。"因为他的艺术理论的大力推介，美国抽象表现主义绘画被推向世界艺术的前台。

　　可以说"平面化"也让现代绘画更加地趋于"纯形式"的表现。在诸如"风格主义""至上主义""抽象主义""纯粹主义""极简主义""大色域主义"等现代艺术流派中，平面化的艺术追求越来越达到极致。

　　还需要提出，就西方现代绘画"平面化"风格的发展而言，其对东方艺术的借鉴是发展的诱因之一。东方艺术强调思维的感性，艺术语言生动亲切，充满了意象、象征性的成分。例如日本传统艺术"特殊的秩序感"和"以彩色来表现平面"等造型方法，在这一时期的欧洲现代绘画变革中展示出独具一格的魅力，众所周知当时的马蒂斯、凡·高等人都受到日本浮世绘艺术的影响（图4-14）。马蒂斯认为："奴隶式地再现自然，对于我是不可能的事。我被迫来解释自然，并使它服从我的画面的精神。"他晚年创作的一批平面化风格的油画、剪纸作品（图4-12、图4-13），明显地表达了非

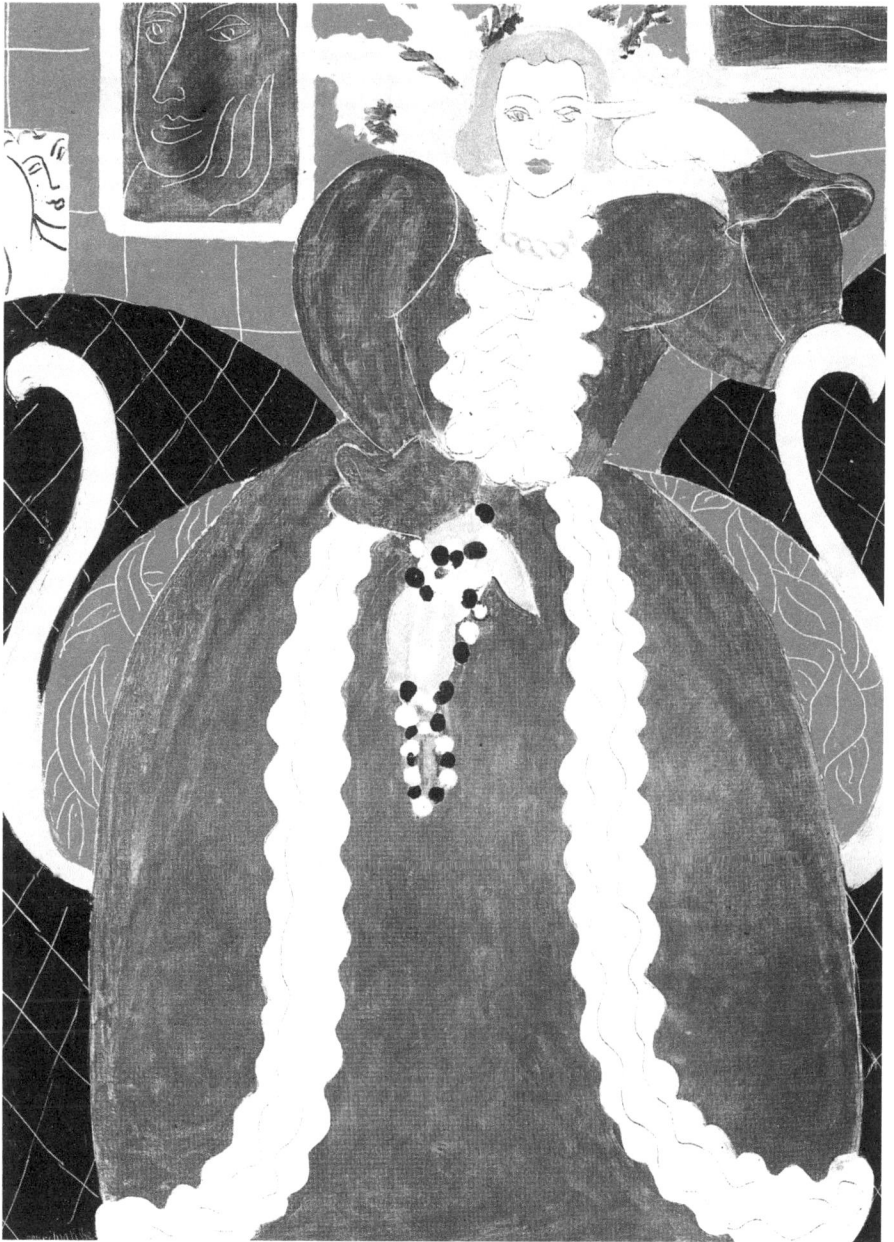

图4-12 马蒂斯《蓝衣女子》

图4-13　马蒂斯《祖尔玛》

图4-14　凡·高《雨中大桥》(仿歌川广重的浮世绘)

西方传统主流的艺术理念，即是对来自东方艺术思维的重新注释。实质上，这样的艺术追求也是当时西方现代艺术，在寻找自我风格化过程中的一种艺术策略，马蒂斯用它来对抗以毕加索为代表的借鉴非洲原始艺术谋求艺术革新的另一种艺术风格。第二次世界大战后，西方艺术对东方艺术的关注点，逐渐从感受东方艺术的外在形式符号等语言因素，进一步诉诸内在的文化精神层面，去探求东方艺术形式背后的哲学思想与美学内涵。以美国抽象表现主义艺术为例（图4-15），其艺术观念就受到中国传统美学以及东方禅学、道家思想的启发。对于欧洲艺术文化风向的这一转变，现代心理学家荣格评价说："如果我们把目光转向东方，我们看见的是一种势不可挡的命运正在主宰着这一切。"

图4-15　罗斯科《作品第18号》

同样，"平面化"的造型方法在视觉传达等设计艺术领域，具有广泛的应用价值，因为这种艺术观念的注入，赋予了现代设计艺术新的视觉形象和精神含义，这方面的典型例子如20世纪60年代开始风靡欧洲的极简主义艺术潮流。我们常说的造型艺术和设计艺术，虽然是不同的学科，但是两者在审美追求和创新思维等方面却有密切的联系。相对来说，各种设计艺术因为实用性要求，往往受到客观因素的制约，而"纯艺术"的创作就比较自由。因此，解读"纯艺术"领域的大师作品，从中发现语言形式和思想观念的亮点，加深艺术审美的熏陶，可以为同学们的艺术设计创造带来灵感和启发，让创意思维活跃起来。

第二节　"平面化"写生

通常人们说到"造型意识"，往往忽略平面造型方面，其实这种练习也是造型基础课程的重要内容。那么，怎么对客观物象进行平面化处理呢？这就要求对我们视觉直接感知的形象重新进行整理和加工。可以说，平面造型更加具有主观性。

一、平面造型的形式感

造型艺术离不开形式，不同的画面形式感会带来不一样的视觉感受，从中获得丰富的审美愉悦。如前所述，具象造型的"形式感"是对物象特征的提炼，带有作者主观审美因素，是艺术美感中不可或缺的组成部分；抽象造型的"纯形式"是艺术表达的直接目的，具有独立的审美意义。要处理好画面的形式关系，重要任务就是协调形式构成中的各种对比，如均衡关系、主次关系以及点线面、黑白灰的布局等。在思考画面各种元素布局时，运用"黄金分割率"取得视觉平衡，这是一种有效手法。

这个图示（图4-16），以白色的图形作为视觉趣味中心（或者叫画眼）。把它放置在六个单元内的不同位置，会产生不同的效果，其中就包含了视觉平衡的画面构成原理。可用心体会其中妙处。

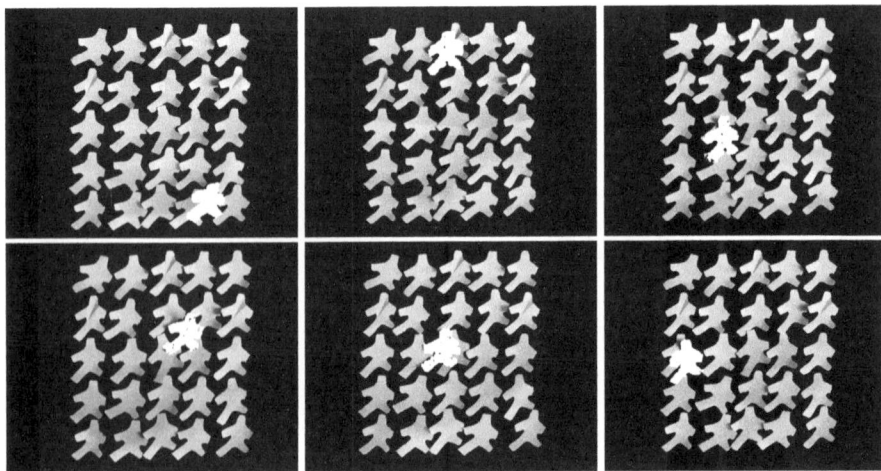

图4-16　画面构成图示

二、黑白灰色调

黑白灰色调是艺术表达中一种重要的形式语言，也是影响画面效果不容忽视的因素。如何处理黑白灰色调呢？形象化地解释：一幅画面可以分为若干色阶，这些色阶就象一支宏大的交响乐队，要演奏动人的乐曲，就要保证乐队的每个乐手协调配合。各司其责、不争不抢，这当然离不开优秀的乐队指挥。对于绘画来说，这个指挥就是作者自己。一般我们会把色阶概括为"黑、白、灰"三个层次，画面深入的过程也就是不断调整它们关系的过程。黑白灰色调在画面中的位置布局、面积大小、强弱对比等诸多关系，只有通过不断练习、总结经验，才会熟能生巧，获得预期的理想效果。

下面的作业（图4-17、图4-18），通过勾画草图、小稿来练习如何概括黑白灰色调以及组织调整画面的形式感，这种方法直观而有效。

三、"平面化"写生要点

1. 对物象特征的主动整理

平面化造型的过程，首先是对画面的空间深度重新理解，不再遵循近大远小的焦点透视规律，去描绘对象的"真实性"，而是强调一切从画面自身出发，主动地对物象特征进行概括处理，注重体现作者个性化的艺术感觉（图4-19~图4-21）。

图4-17 学生作业1

图4-18 学生作业2

图4-19 课堂静物

图4-20　学生作业1

图4-21　学生作业2

2. "物象结构"和"画面结构"统一

平面化造型训练，因为打破了焦点透视法则，就解放了眼睛，可以从不同角度对客观对象进行观察，再把获得的直觉印象加以综合；还有，要懂得处理"物象结构"和"画面结构"的矛盾与统一，同时造型表现手法也可以多种多样（图4-22~图4-25）。

3. 追求"形式感""图形趣味"

平面化写生练习和一般的写实素描写生有很大的不同。平面化写生主要目的是表现平面造型的形式感，强化画面构成的内在逻辑，这个过程含有较强的主观性。另外，写实素描所强调的"真实性""质感""透视关系""空间感"等要点，在平面化练习就变得没有意义了，取而代之的是另一套审美准则，就是画面的"形式感""结构性""黑白灰关系""图形趣味"等内容（图4-26~图4-28）。

图4-22 课堂静物

图4-23 学生作业1

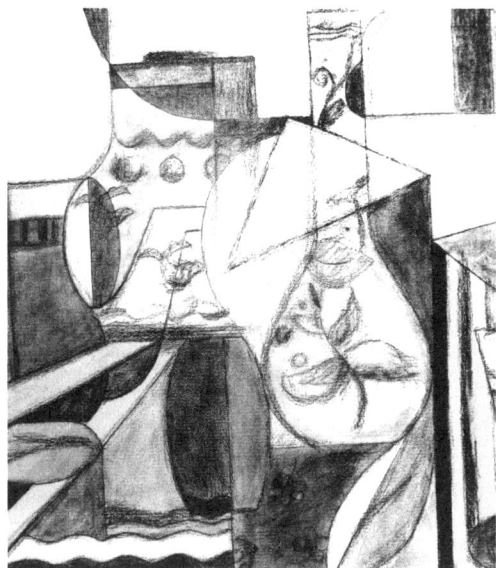

图4-24　学生作业2

图4-25　学生作业3

图4-26　课堂静物（写生）

　　总之，在传统的美术教学中，较少进行平面化造型的训练，这是一种不足。平面化练习打破直观的视觉印象对艺术表现的束缚，而放大了个人的主观性审美创造。它有助于在造型基础教学中，弥补学生个性创造和艺术感性方面存

图4-27　学生作业1

在的缺陷，丰富了我们的艺术思维。这个学习过程也是对个人艺术潜能的发掘过程，因为有些人适合于写实性艺术表现，有些人可能对造型的形式很敏感，擅长于自我表现性艺术。所以，人要不断认识自我，选择个性化的发展道路。

图4-28 学生作业2

第三节　图形中蕴含的艺术魅力

　　美国当代教育家戴尔在《视听教学法》一书中，提出了"经验之塔"观点。该理论主要讨论人的经验是怎样得来的。他认为经验有的来自直接方式，有的来自间接方式，经验之塔"塔基"的学习经验最具体，而越向上就越抽象，所以人的认知过程应从具体经验入手，逐步进入抽象层次。借鉴这一理论，我们在设置教学内容时，也是从具体的生活经验引导到专门的艺术经验，从"具象"到"抽象"，从"立体"到"平面"，进行逐步地过渡与提升，遵循循序渐进、先易后难的学习规律。细心的同学可能会发现，我们的这一教学规律恰恰和人类艺术（图画）先从"平面"再到"立体"表达的语言衍变过程相反，之所以如此安排教学，它是由现代人不同于古代人的文化理解方式所决定的。因为现代人在认识艺术现象时，往往是先有理智再进行感知的。

　　在前一章我们较多使用"形体"概念，偏重于立体空间范畴；这一章使用的"图形"概念，则偏重于平面空间范畴。本章涉及的"平面图形"可以是具有某种物象特征的具象图形、半抽象图形，也可以是没有任何物象特征性的抽象图形。本节课所说的物象"图形"，主要针对具象图形、半抽象图形而言。

　　本节我们训练的主要思路是从物象到"图形"的演变。我们在前面说过，平面造型练习首先要摆脱从三维空间理解物象造型的思维惯性，所谓物象到"图形"的演变，就是通过作者的主动分析和主观构建，把视觉直观印象中的"真实物象"转换为艺术形象的"图形符号"。

一、让物象成为审美客体

　　简化、概括的艺术手法是从纷杂物象形态中，舍弃具体细节的表现，提炼主要特征，以体现物象造型的精髓，获得典型性的艺术形象。因为社会环境、文化习惯以及个性情感的不同，即便面对相同的事物，人的审美认识也会出现差异，因此对物象特征的提炼取舍就因人而异，呈现出不同的形式趣味。

1. 平面造型的形式分析

　　图4-29是古典油画的形式分析，对原作的黑白灰色调，进行了高度的

提炼和概括；图4-30是蒙德里安《苹果树系列》的素描稿，作者在画面形式的推演过程中，线条不断简化提炼，从写实表现逐渐过渡到抽象表现；而图4-31蒙德里安《教堂正面系列》的素描稿，造型原理也是如此。

图4-29　古典油画的形式分析

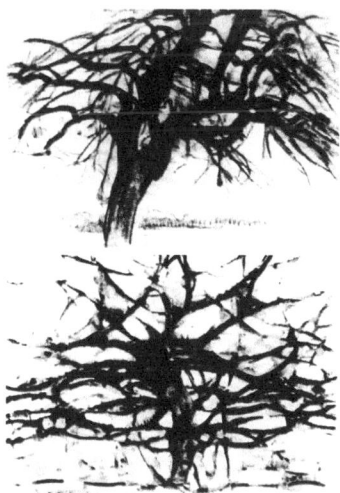

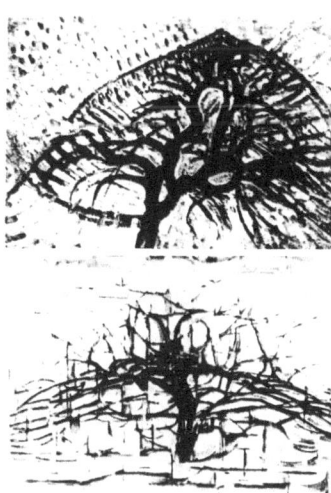

图4-30　蒙德里安《苹果树系列》

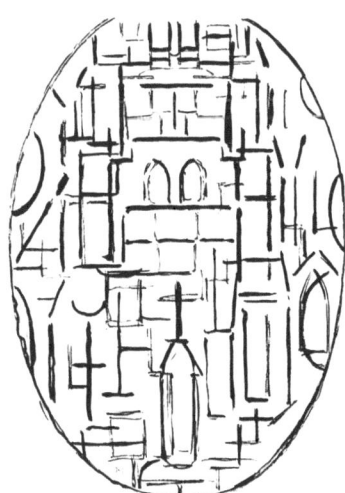

图4-31　蒙德里安《教堂正面系列》

2. 东方艺术中的感性

　　东方艺术强调思维的感性，艺术语言中充满意象、象征性的成分。在平面表现的民间剪纸、年画、装饰图案中，我们可以看到，自然世界被赋予个性化的理解，进行大胆夸张的概括，形象生动亲切，洋溢着人们对生活的美好感受（图4-32～图4-34）。

3. 图式符号与图形简化

　　同样的艺术素材，在毕加索笔下呈现出令人惊异的丰富形态。在"牛变体系列"中（图4-35），"牛"不再具有现实生活的生物性特征，而成为艺术家进行造型研究的"实验品"。他历时四年，把牛的艺术形象，从人的视觉直观认识中逐步地抽离，形成凝练的图式符号，体现了现代主义者在造型探索过程中严谨、理性的作风。

　　这个例子启示我们对物象的图形提炼，要充分理解其造型的特征，进行"去伪存真"的分析，保留最本质部分，同时在造型的提炼演化过程中，发挥想象力，去主动构建图式，也是必不可少的。

　　这幅眼睛的图形简化练习（图4-36），作者从生理结构的肌肉群分析入手，提炼出块面构成的因素，在平面化处理的推导过程中，

图4-32　韩美林作品

图4-33　中国民间剪纸

图4-34　栋方志功作品

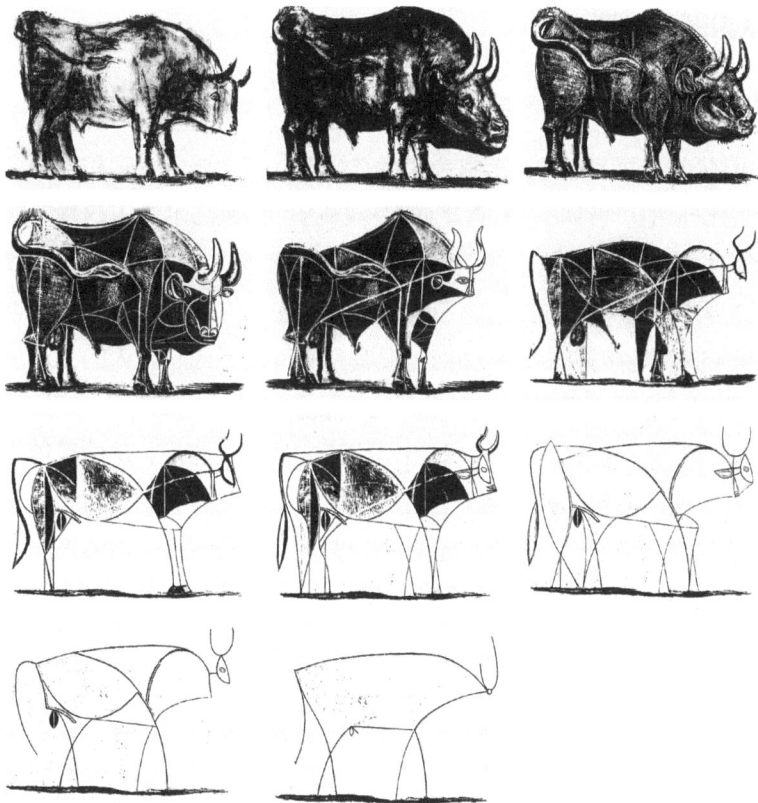

图4-35　毕加索"牛变体系列"

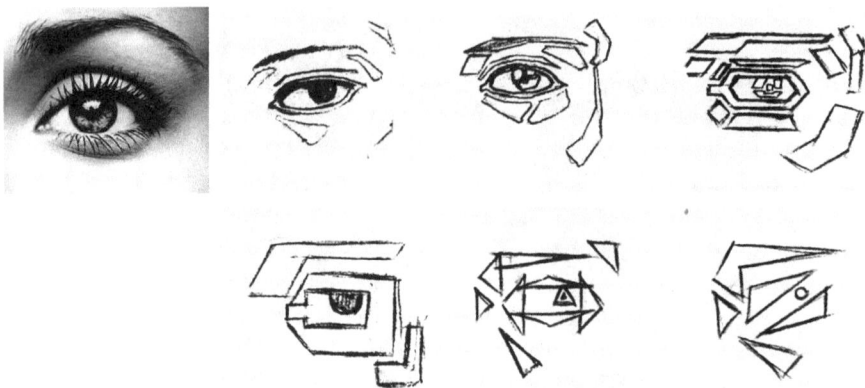

图4-36　眼睛的图形简化（学生作业）

逐步摆脱客观物象的限制，按照自己的理解来简化形式、组织图形，艺术形象越来越纯粹，表现出个人化的审美趣味。

二、认识图形造型

1. 图形的特征与形态

　　我们在谈平面造型时，常常会使用"图形"这个概念，它和前面讲授立体造型时谈及的"形体"，两者本质是一样的，都是艺术语言的基本要素，是造型观念和审美情感的载体。就像文学写作依靠文字，演员歌唱依靠声音一样，如果离开了形体或图形，造型艺术就失去了传达视觉语义的可能。

　　图形的基本特征：它是平面的，没有空间深度，经过了人的主观加工和创造。图形的方式，可以是纯粹观念性的抽象概念，比如一个方形或圆形；也可以从客观物象中提取，通过对日常生活的发掘和整理，从中获得启发，提炼出有价值的图形元素，赋予它新的造型意义。同样，图形具有无限的丰富性和趣味性，我们可以从形态上把图形归类为：机械形、自然形、不规则形、有机形、偶然形等。

2. 创建图形的结构规则

　　在平面造型中，图形的组合关系是画面最基本的构成形式。图形之间的接触与碰撞产生结构，这些结构方式比如并置、叠加、透叠、咬合、编织、缠绕等，它们的造型原理和前面讲授立体造型的形体结构方式类似。

三、图形写生："陌生化"的多义阐释

本节的"图形写生"和前一章讲授的"形体转化""解构重构"内容相通，区别在于"立体空间"与"平面空间"的差异，其共同点就是追求艺术形象具有不同于一般生活经验和视觉形式的"陌生化"效果。"陌生化"是20世纪俄国形式主义美学提出的代表观点。可以说，陌生化是适用于各种艺术形式的一个基本法则，即在艺术语言运用中，变"习见"为"新异"，化腐朽为神奇，传递鲜活的艺术感受，制造令人耳目一新的艺术感染力。

相较于本章第二节的"平面化写生"练习，偏重于对"平面空间"的理解和表现，对物象特征的描绘可以比较写实，本节课的"图形写生"练习，则强调参考实物形态，从中获得启发，用图形语言对客观物象进行多义的解释。它的重点在于对"图形语言"的个人化体验，要学会用新的造型观念，善于去发现，对客观物象特征加以选择取舍，主动构建画面新的艺术秩序，创造出富有艺术联想的视觉境界。

图4-37　瓶子（学生作业）

1. 瓶子

作者在对一组瓶子进行平面造型的处理中，强调了图形意识（图4-37）。瓶子的外形被规整为几个种类，运用不同形态的线条，制造出密集的视觉点效果。瓶子的规则图形和背景的小方块图案并置，强化了形式和色调的疏密对比。整个画面充满了精心的构思设计。

2. 石膏像和小提琴

这组静物（图4-38），作者变换不同的观察视点，选取了石膏像的正面和侧面以及小提琴的外轮廓，对这些元素进行平面化图形处理，并加入重合、透叠的构成组合。斜放的琴弓有效地协调了构图，桌布被概括成柔软的偶然形，对比右侧充满锐度的石膏外形，取得了视觉上的调和补充。整体造型按照形式感的需要，大胆地把黑白灰色调作了归纳，视觉中心放在石膏像眼睛处，其余部分进行了适当的简化，画面效果富有节奏感。

3. 画室

要选择什么作为艺术素材？这取决于作者的兴趣点。罗丹说过："生活中不是缺少美，而是缺少发现美的眼睛。"这幅画（图4-39），同学从画室

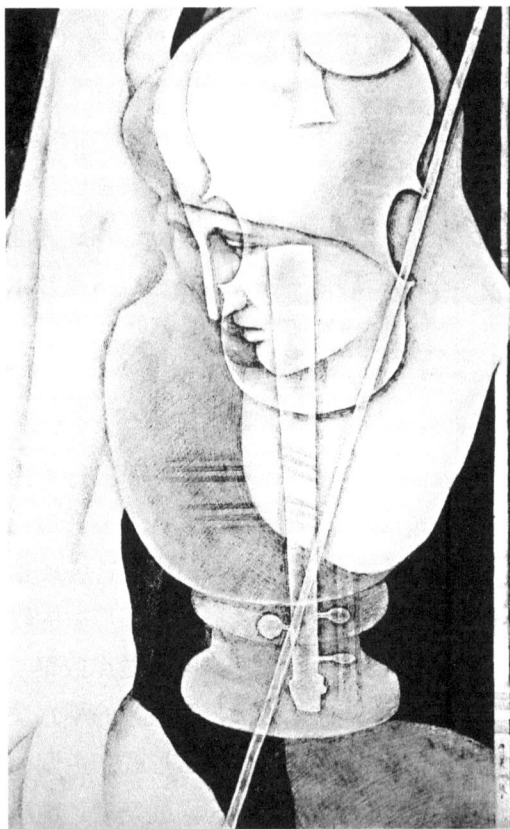

图4-38　石膏像和小提琴（学生作业）

图4-39　画室（学生作业）

里繁杂的日常情景中，发现形式造型的元素，从中提取出方形、圆形和自然形来组织画面，进行了图形的咬合、穿插的结构处理。虽然客观物象被简化为图形，但是有相同生活经验的人，还是可以从画面中感受到熟悉的画架、提琴的印象。

4. 乐器组合

面对写生台上的一堆静物，我们的作业不要求画得面面俱到，而是要把"画什么""怎么画"这些思考交给学生。如何从眼前看到的客观世界中寻找自己感兴趣的对象，加以个性化的艺术表现呢？下面这组画（图4-40～图4-43）运用解构重构的艺术思路，把提琴、琵琶等乐器，解构成不同的图形，经过反复叠加进行重构，产生耳目一新的造型创意。画面的黑白灰色调处理得当，视觉效果的主体突出、层次分明。

图4-40　乐器系列1（学生作业）

图4-41　乐器系列2（学生作业）

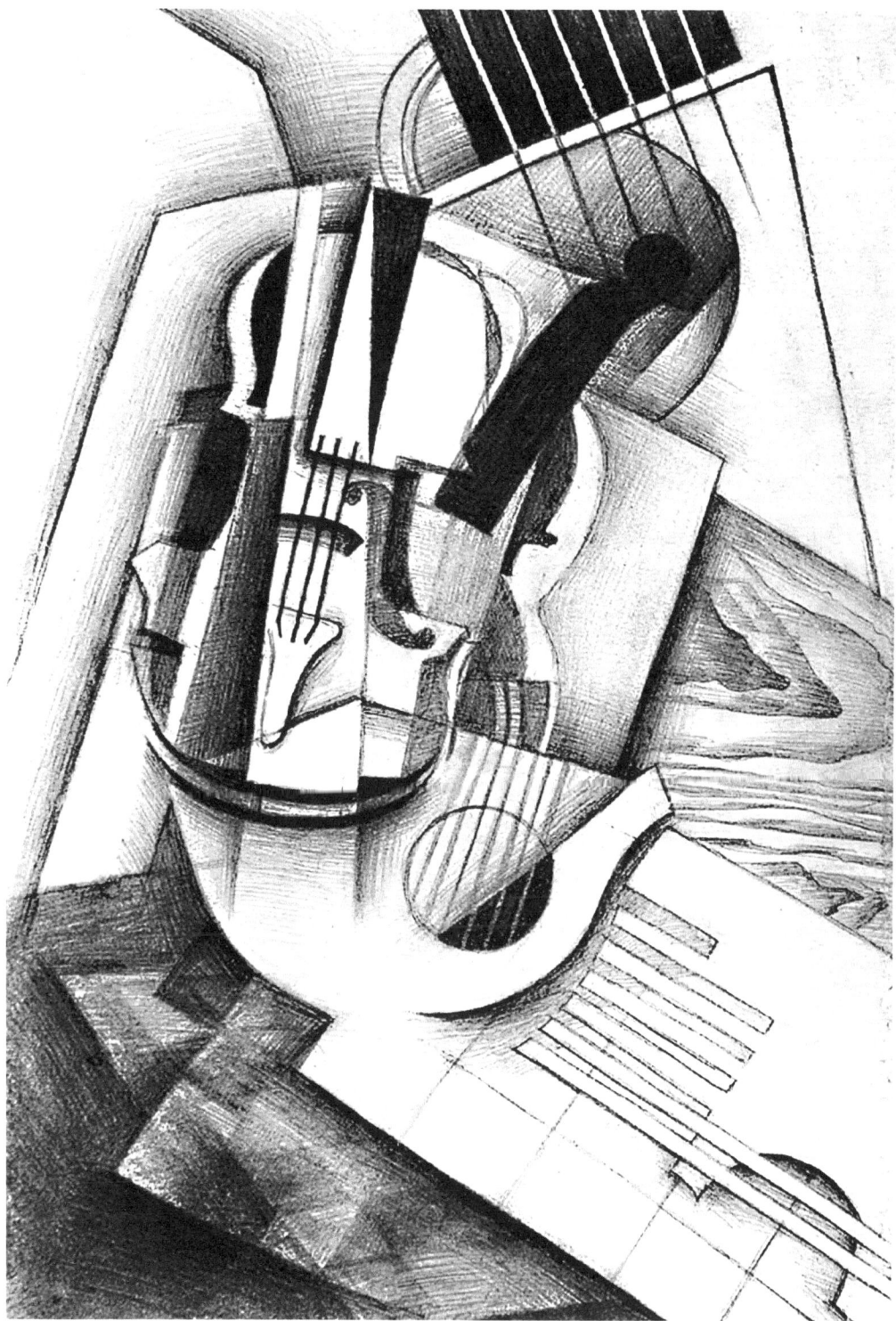

图4-42　乐器系列3（学生作业）

另外的这两幅画(图4-44、图4-45)，先从实物中摄取基本形，然后对基本形进行扭曲、咬合的组合，吉他、铜号的造型被重新进行图形演绎后，形成一个紧密的结构体。画面造型显得沉着稳重，体现出内在的张力。

5. 鸟

文学阐释学的观点认为，"一千个读者就有一千个哈姆雷特"，就是说每个立场不同的人，即便在相同书里也可以看出完全不同的语境。这其实和我们讲授"形体转换"内含的道理是一致的。同样这组"鸟"的作业练习(图4-46)，因为每个学生的审美感受不同，他们主观建构出来的艺术形象也就形态纷呈。课堂静物的"鸟"只是作为题材参考，作业的重点是练习用图形方法，来表现造型观念中的"鸟"。这一学习过程有较强的实验意味，学生们积极地发挥个人创造和想象，从不同的形式元素中发现造型创意契机，为视觉传达找到诸多可能性。

在这组画中，图形结构的原理单纯，分别运用了机械形拼接、自然形拼接、自然形透叠、不规则形的透叠与咬合、不规则形的缠绕与编织等方法。

6. 羊头、牛头

图4-47作业运用了机械形的拼接和透叠。通过图形的并列重叠来表现羊角特征，形成明显的画面疏密对比。把两个圆形咬合，有意地安排在眼睛的位

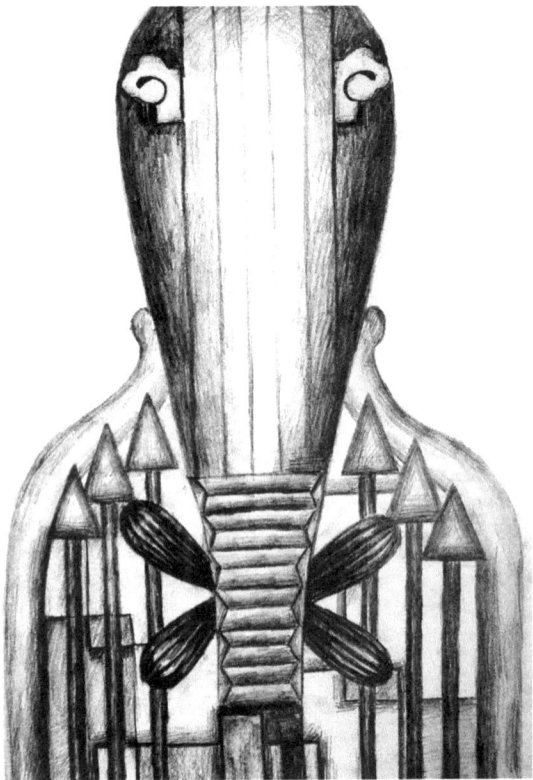

图4-43　乐器系列4(学生作业)

图4-44　乐器系列5(学生作业)

图4-45　乐器系列6（学生作业）

置，达到醒目的视觉效果。整体造型形式简练，在统一中有变化。

图4-48作业对牛头和乐器的物象特征进行了平面化提炼，通过不同图形的透叠，组织和构成画面。从桌布中提取直线，以切割平面空间，协调形式关系的平衡，取得了良好的视觉效果。

7. 休憩的人

每个人对造型形式的感受不同。图形写生练习，其可贵之处就是要表达这种个人化的独到见解。这幅"休憩的人"作业（图4-49），着眼于人物的形体构造和关节转折，运用不规则形、方形、圆形进行图形拼接、重叠的结构处理，完成造型创意。整个造型显得沉着而具有力度，传达了作者别具一格的美感体验。

最后我们对图形写生练习做个小结。

通过以上的练习，我们再次理解"陌生化"的美学原则。这一美学观点

图4-46 鸟（学生作业）

的代表人物什克洛夫斯基，他在论及陌生化问题时，强调说"艺术的技巧就
是使对象陌生"，并且进一步解释，"艺术的目的是要人感觉到事物，而不仅
仅是知道事物……艺术是体验对象的艺术构成的一种方式，而对象本身并不
重要。"所以，图形写生的练习方式，也可以借用文学写作的例子作比喻，
就是"借物抒情""托物言志"，我们写生的对象只是参照媒介，而不是艺术
表达的目的。这是图形写生练习和写实绘画的根本差别。

图4-47　羊头（学生作业）

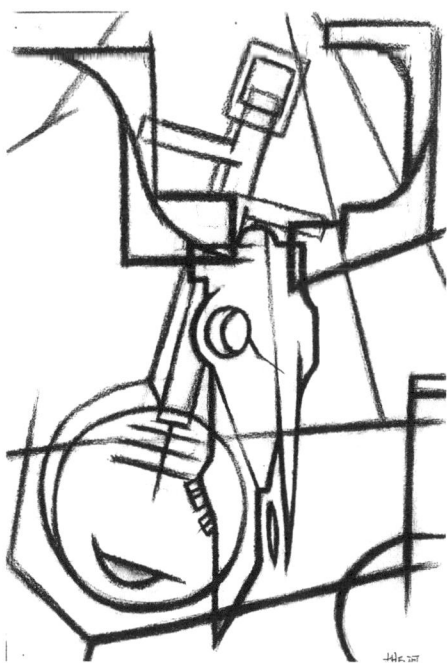

图4-48　牛头（学生作业）

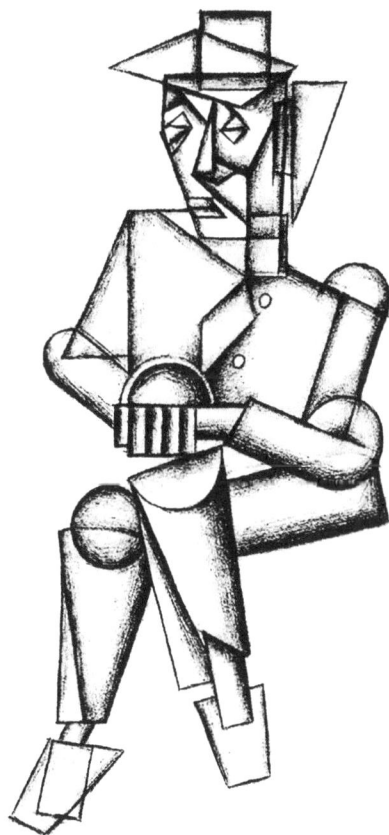

图4-49　休憩的人（学生作业）

第四节　用图形方式叙述主题

这一节我们练习，相当于是"自命题作文"，即不再参考静物，而是利用平面图形作为艺术语言，来表达某种主题性的造型创意。

所谓"情动于中而行于言，言之不足，故嗟叹之，嗟叹之不足，故咏歌之，咏歌之不足，不知手之舞之，足之蹈之也。"人的内心情感无比丰富，情感要传达出来和别人交流，就必须通过有效的方式来实现。就造型艺术而言，要用视觉形象的方式传达某种主题，完成造型创意，首先要感悟不同形式语言所表达的语义，如机械形严肃沉着，自然形生动随意，直线显得明晰而有确定性，曲线显得柔和跳跃等。找到恰当的形式语言灵活运用，才能抒发内心意图，否则画面就会有"词不达意""言不由衷"的遗憾。

所以当我们在生活中有感动时，别忘了用画笔表现出来。这是一种很有意思的艺术体验，包含着作者内心的冲动、迷惑、惊喜。

下面我们通过若干教学实例，进行讲授分析。

一、"人物"：图形语言的心理感知

下面一组图例（图4-50）为不同的"人物"："少女"在几何形的拼接组合中，突出形式的聚散对比，显示了一种跃动的活力；"老人"通过不规则形的扭动、穿插，形成画面，这种形象适合表现憔悴沧桑的心理感受。另外的"母子""抱琴者"，运用了图形的透叠和穿插，形式感富有趣味。不同的图形语言会传达相应的视觉语境，其中的妙处需要慢慢体会。

二、"春天"：形象思维的主题引导

这两幅画（图4-51、图4-52），作者通过不同的艺术视角，表现相近的主题。画面选择了自然形态的树藤或者是有机形态的鱼，从这些形态特征中找到创意灵感，转化为不同的平面图形，营造出很个性化的审美意境。画面结构松动而自由，形式节奏流畅，有一种内在的韵律感。引导人联想到生机盎然、欣欣向荣的生命气息。

图4-50　"人物"

图4-51 "春天"学生作业1

图4-52 "春天"学生作业2

三、"水鸟""三只熊""绵羊"：动态与静态之美

"水鸟"这幅画（图4-53），把自然物象归纳为一个经典的图形，在画面中反复重叠、穿插。用密集笔触表现大面积的水纹，与水鸟的简约特征形成强烈的对比。用浓重色调刻画鸟嘴，连接出"S"形的动势，让画面一下子活跃起来。造型创意吸收了图案构成的设计手法，视觉效果整齐有序又不失丰富。

"三只熊"画面运用有机形体的组合方式表现一种生命体的意象。图形前后叠加，产生运动中的幻影感觉（图4-54）。整个图式从右上向左下倾

图4-53 "水鸟"

斜，产生一种动势，使得画面的空白处充满了力量和速度的想象空间。可以回顾我们前面提到过的"力的图式"理论，来理解造型图式内含视觉张力的秘密。

　　"绵羊"的造型创意（图4-55），运用了不规则形的咬合，图形秩序严整而紧密。形式感很单纯，清新怡人，给人纯真可爱的感受。相比于"水鸟""三只熊"，画面形式呈现的动感之美，"绵羊"画面形式则表现的是静态之美。

图4-54　"三只熊"（学生作业）

图4-55　"绵羊"

四、"相拥"：超越"自然人"的图形游戏

在作业练习中，造型观念一旦摆脱了写实表现的羁绊，图形创意就会更为自由。这两幅作业（图4-56、图4-57），运用图形语言对人物造型重新解释，画面舍弃了"自然人"形象的束缚，利用几何形、不规则形相互咬合以及图形倒置和重叠的处理，塑造出一种新的视觉图式。画面表现没有走向完全的抽象，从中依稀可以辨别出人物拥抱的感觉。画面的形式处理方面，视觉结构点的繁简对比以及黑白灰色调的布局，都表现得比较成功。

图4-56 "相拥"1（学生作业）

图4-57 "相拥" 2（学生作业）

五、"赛车手""演奏者"：视觉快感的表达

"赛车手"（图4-58）以纯粹的几何图形反复透叠，视觉效果显得简洁明快。"演奏者"（图4-59）从人物轮廓的形式感受着手，用单纯的线条相互穿插，表达图形设计意图，造型优美流动，富于书写性。

图4-58 "赛车手"

图4-59 "演奏者"

@知识链接：立体主义、纯粹主义、极简主义

　　古典主义到现代主义的艺术演进，是艺术观念和语言表现的重大变革。在现代主义艺术中高扬着现代人自由创造的智慧之光。我们从形式语言探索的角度解析，更容易理解这些作品的造型原理，获得许多有益的启示。下面是不同流派风格的现代艺术作品，表现题材都是我们熟悉的人物、器具、场景等，它们经过不同艺术家再造，赋予了崭新的视觉形象和审美内涵。

1. 立体主义流派

　　由毕加索、勃拉克等人发起的立体主义流派，是20世纪西方现代艺术史上重要的艺术运动。立体主义即"Cubism"，中文译为"立体主义"，它可以分为"早期时期""分析立体主义""综合立体主义"的不同阶段。而尤其在分析立体主义之后，这一艺术流派却是彻底反对绘画空间感表现的，因此其名称如果直译应该为"方块主义"。

　　毕加索是影响西方现代艺术发展的关键人物之一。艺术史家雅克·比斯这样评论毕加索："作品由素描建构……形体是几何图形化与综合而成的，造成几近压抑其可辨认的身份的效果，闯出桎梏，最终与物象特征剥离。"我们看毕加索的素描稿（图4-60），其中的造型观念就更为明晰。

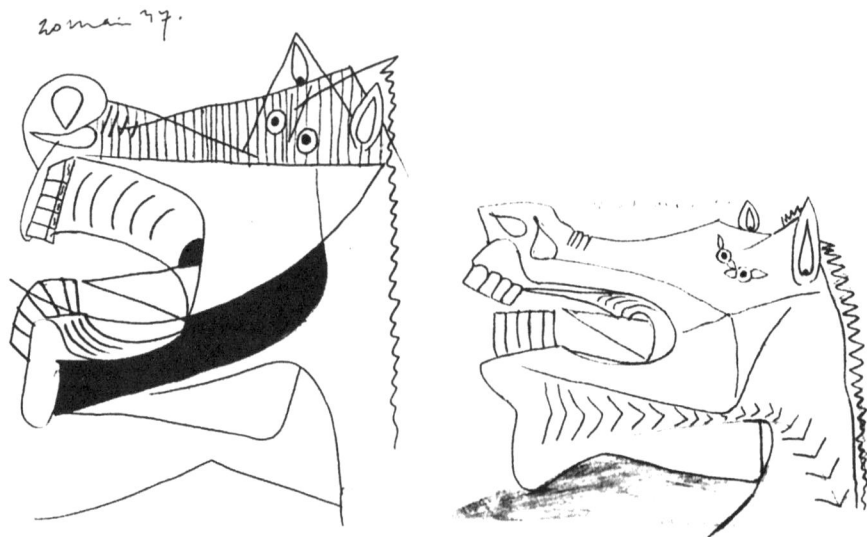

图4-60　毕加索《公牛》

　　画家好像是从一面棱镜观看世界，使不同时间和空间的物象造型，展开一帧一帧的多元呈像。从而也打破传统绘画对于时空观念的理解，开创了现代绘画新的艺术表现领域。

　　立体主义者也把这种造型观念从静物、风景延伸到动物、人物的题材中。勃拉克的艺术实践对立体主义流派也有突出贡献。他的作品擅长刻画生活中的器物组合（图4-61），艺术表现舍弃物象造型本来的三维空间，让视觉形象回归到二维的平面中。画面构成消解了物象原有的结构逻辑，通过图形的反复咬合、重叠，重构了一种崭新的艺术形式结构，从而把立体主义的艺术观念向前推进。

　　我们再通过立体主义画家的人物题材作品进一步说明（图4-62～图4-64）。这些作品排除了古典主义绘画惯用的叙事性，画面放弃了对人物的"性格、职业、社会背景"等情节表述，而是把人物形象转换成图形"符号"，运用各自风格鲜明的艺术语言，追求一种更为纯粹的造型形式表达。也就是把造型自身体现出的独特形式意味，看作是艺术永恒的价值内涵。在立体主义画家的作品中，人物的艺术形象不再是千篇一律，而是呈现出丰富

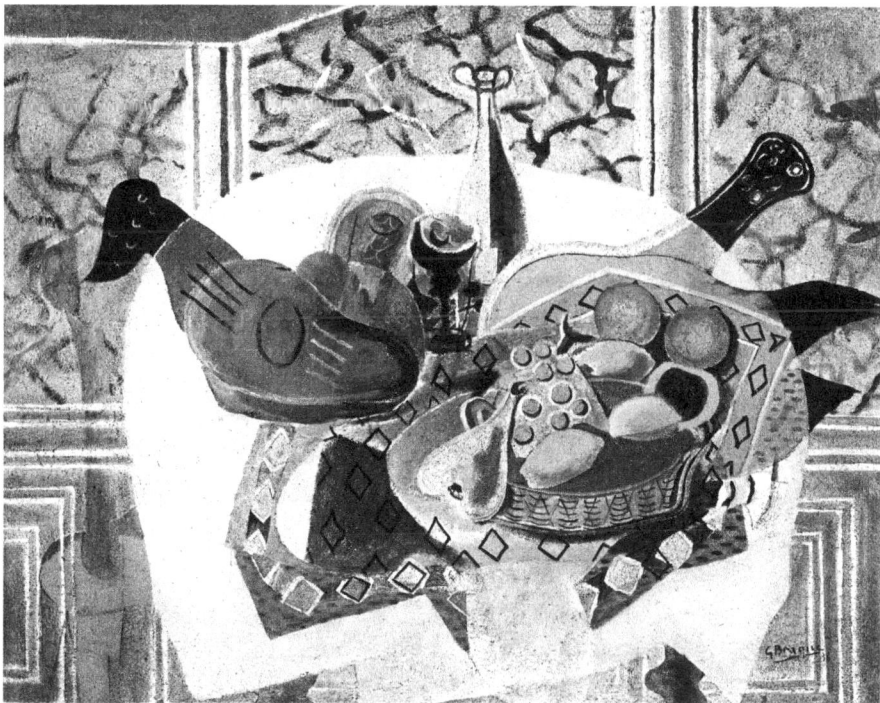

图4-61　勃拉克《紫色桌布》

图4-62　毕加索《三个乐师》

图4-63　格里斯《约瑟特·格里斯女士像》

图4-64　勃拉克《二重奏》

的审美形态。这种艺术风格的背后是艺术家对传统造型观念的反叛。

费尔南·莱热和毕加索、勃拉克并称是立体主义"三杰"，莱热的作品风格在立体派绘画中别具一格（图4-65～图4-67）。他的作品对客观物象进行了大胆的简化概括，充满各种几何图形的组合、交错。画面结构明晰，显现了对造型形式进行理性推演的思维痕迹。当然，任何艺术思潮背后会折射既定的社会人文内涵。例如莱热的作品风格就带有明显的时代文化图像和现代工业文明的印记，表达了画家对现代社会生活的个人描述和精神体验。

莱热相信艺术作品不必遵守自然的任何法则，艺术可以创造出一个不同于真实生活的独特世界，用他的话解释："因为创造美是自己的任务，所以单纯地记录美是没有意义的。"

2. 纯粹主义主张

立体主义艺术观念的出现，完全改变了以往视觉艺术的原始内容和表现

图4-65 莱热"素描手稿"

图4-66　莱热《强壮的黑人潜水员》

图4-67　莱热《室内的女人》

形式，也培育或衍生了日后许多重要的艺术运动。20世纪初出现的法国纯粹主义艺术流派，以立体派艺术主张为出发点，主张"纯化"造型语言，探索艺术语言的纯粹性。作品多取材日常用品的器物，造型观念追求"永恒而普遍的形体"，创造了不受时间、空间约束的平面化图式（图4-68、图4-69）。艺术风格轻松率直，带有鲜明的装饰性效果。

图4-68　阿梅德·奥占芳《静物与红酒杯》

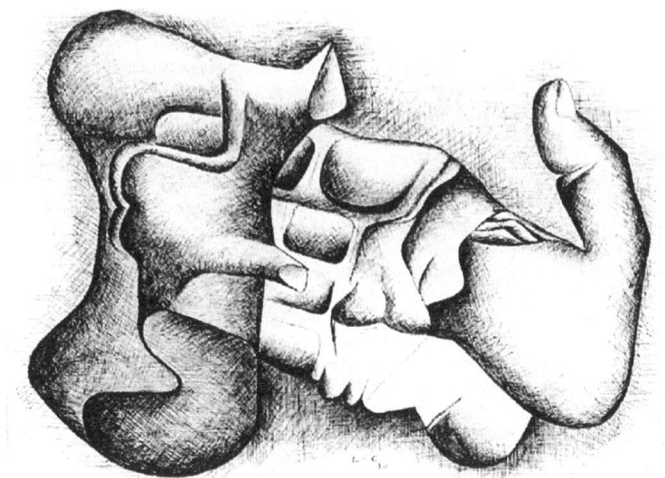

图4-69　勒·柯布西耶《纸本绘画》

3. 极简主义风格

极简主义被认为是"以极其平衡简洁而著称的一种风格或技术"。这种艺术潮流在20世纪60年代的纽约很受欢迎，当时诸如包豪斯运动、建构主义运动中都有极简主义的因素。极简主义设计观念从立体主义等现代艺术中，获取了思想和方法的借鉴，倡导把抽象的几何元素融入绘画、雕塑和建筑艺术，即不追求过度修饰，崇尚单纯、优雅。在现代设计领域，极简主义风格和扁平化设计具有精神上的一致性。也可以说，扁平化设计是极简主义的一种衍生观念，苹果手机算是这方面的典范。

极简主义设计理念，似乎是回归到一种无技巧的天然境界。让人想起一首现代诗可以作为注脚："我的快乐是阳光的快乐；短暂，却留下不朽的创作……我简单而又丰富；所以我深刻。"

下面是一组极简主义风格的设计作品（图4-70～图4-72），出自著名设计师阿兰·府烈茶，他是当今世界负有盛名的设计团体"五星设计联盟"创始人。作品设计构思以不规则形、机械形作为基本要素，经过图形的单纯叠加、穿插，创造了轻松明快的视觉效果，整体造型风格简洁大方，叫人过目不忘。

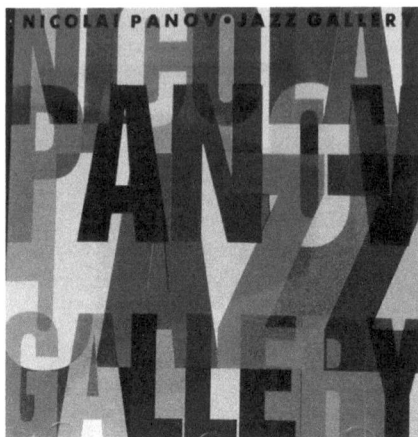

图4-70　阿兰·府烈茶的设计作品1

Burkes, 10 Clifford Street, London
Saturday 26 November 1983
8pm to 3am. Black Tie.

图4-71　阿兰·府烈茶的设计作品2

图4-72　阿兰·府烈茶的设计作品3

第五节　抽象图形表达的审美规律

我们在前面主要练习的是平面空间的"具象图形"或者"半抽象图形"，这一节讲授"抽象图形"。关于"抽象"的艺术问题，可以参考本书第三章第六节的相关内容，加深理解。

一、"艺术是人类情感符号形式的创造"

现代符号学代表人物苏珊·朗格有句名言："艺术是人类情感符号形式的创造"。她立足于人类文化活动的总体背景，来揭示艺术的本质与功能，认为艺术是人类文化的一种特殊符号形态，符号内涵就是人的情感。这些观点对我们理解抽象图形的表意特性很有帮助。

抽象艺术形式一般没有很具体的主题，但是也可以传递出作者一定指向性的精神意图，如平静优美、雄健有力或神秘诱惑等，引导读者产生相应的视觉想象。所以，在艺术欣赏过程中，抽象艺术作品意义也更为开放，读者可以积极地参与其中，根据自己的生活阅历和心理情绪，产生因人而异的艺术理解。抽象主义艺术大师康定斯基生动地表述："音乐作品是由抽象的音符组合而成的，绘画的形与色也可当作音符。画面里有内在的音乐，抽象画使得人类的视觉世界响起来。"

二、寻求视觉秩序中的美感

在本节课的练习中，我们选择以抽象图形作为造型素材，接下来练习的要点就是逐步完善画面形式构成的问题。这需要把握其中的造型规律，作业的步骤和我们之前学习阶段所强调的一样，即按照从基本形、结构方式到组织画面的过程，循序渐进地深入。

爱因斯坦说"宇宙本身就是和谐的"。艺术美也是如此，大千世界尽管形态各异、千变万化，但它们都各自按照一定的秩序和规律而存在。单独的图形无所谓和谐与否，但当图形集合形成画面，就需要从对比和谐中产生视觉美感。这时候图形之间的构成关系就变得极为重要，其中的关键，就是要协调好图形之间的内在秩序，使画面产生整体的特征性。

　　通过前面章节的作业训练，同学们对于形式美感问题想必有不少的体验。在本节的抽象图形练习中，这一方面的表达会更为直接和纯粹。下面结合作业画面，总结出其中的一些规律，例如，黑白灰对比、统一与变化、主次与聚散、刚柔与虚实、节奏与韵律等，以加深我们对平面造型中形式美感规律的理解。

1. 色阶表现的运用

　　这组画（图4-73~图4-76）的黑、白、灰运用比较熟练。画面对色调进行了归纳，形成几个代表的色阶。色阶间保持了明确的距离，在整体视觉中让有效的重色调显得醒目。大面积的灰色调在白色和黑色的对比效果中，不显得沉闷，反而感觉到透亮，这是艺术表达中很可贵的地方。

2. 统一中求变化

　　画面的各种形式元素要有统一性，但是只有统一而没有变化，造型就缺乏趣味，视觉美感也不能持久。另外，形式变化要遵循一定规律，无规律

图4-73　学生作业1

图4-74　学生作业2

图4-75　学生作业3

图4-76　学生作业4

必然感觉混乱和不安。在这两幅画中，主体是多个几何图形的咬合（图4-77、图4-78）。作者通过细节处理，在单纯的形式结构中寻找变化，突出了画面的重点，使造型效果取得必要的丰富性。我们通过这种最简单的训练来理解形式感问题，才能事半功倍。

3. 画面的聚散与主次

视觉平衡是构成形式美感的重要因素。它有两种方式，对称和均衡。对称是形式元素以完全对应的方式排列，在图案设计中运用较多；均衡是在不对称的状态，追求一种视觉互补的平衡。绘画追求的更多是不对称的均衡，它的具体表现例如画面的聚散和主次关系。

图4-77　学生作业1

图4-78　学生作业2

这两幅作业（图4-79、图4-80）运用了不规则形、几何形的咬合。在简单明了的图形结构中，较好地把握了形式元素的聚散、大小关系以强化形式对比或以小圆点形成视觉中心，使画面产生明确的主次区别。

4. 刚柔、虚实的对比

视觉形式的对比，来自于造型中的形、色、结构、数量等各方面的因素变化。这些常常表现为曲直、黑白、动静、高低、大小等形态差异。在画面中要对诸多对比关系进行协调，从各自特征中找到相互联系，在差异中求和谐，这样一幅画才能有整体感。

这组图中（图4-81~图4-83），作者较好地处理了方形的"刚"和圆形的"柔"等形式关系，同时利用色调的强弱和结构点的疏密，突出了画面的"虚""实"对比，视觉效果统一有序。作业中表现出的这些审美品格和艺术素质是实现完美造型创意的基础，正是我们造型训练的重要意义所在。

图4-79 学生作业1

图4-80 学生作业2

图4-81　学生作业1

图4-82　学生作业2

图4-83　学生作业3

5. 节奏和韵律

　　节奏本来是指音乐节拍轻重缓急的变化和重复。在绘画构成中，同样存在类似的现象，即视觉元素连续重复所产生的动感特征。韵律原指音乐或者诗歌的声韵和节奏，在绘画中，某种视觉元素高低起伏、收缩顿挫的规则的变化，也会产生韵律感。

　　例如第一张作业（图4-84），仔细观察它的基本形不是由概念产生的，而是从罐子外形中解析出的自然形。画面整体气息贯通，轻松灵动，这种视觉韵律感主要来自于曲线与直线的线条流动与起承转合的形式感。另一张作业是由几何图形构建而成（图4-85），画面较好地处理了黑白关系、大小强弱、疏密对比等诸多问题，对"线"和"面"的动势和方向变化加以巧妙地设计组合，突出了视觉美感，更加显得节奏分明。

图4-84 学生作业1

图4-85 学生作业2

@知识链接：抽象艺术表现中的情感因素

1. "冷抽象""热抽象"

"冷抽象""热抽象"是抽象主义艺术的两个典型性风格。

"热抽象"艺术风格的代表人物康定斯基，他的经典理论著作《线、面、点》《关于形式问题》，被视为现代抽象艺术的启示录。康定斯基作品运用纯粹的形式语言，如多变的曲线、不规则的色块等，来表现内心的感受和情绪，画面富于激情和动感，顾名思义称"热抽象"（图4-86）。

图4-86　康定斯基《即兴第30号》

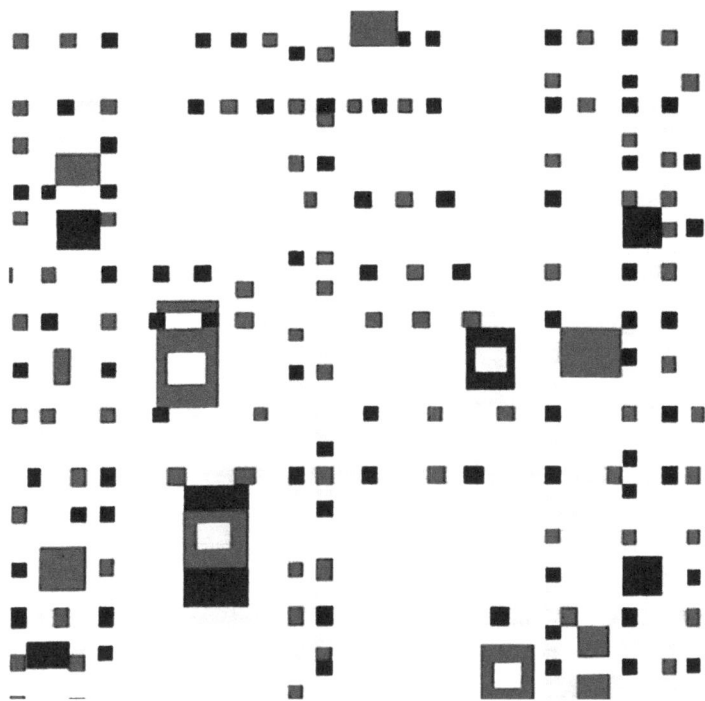

图4-87　蒙德里安《百老汇爵士乐》

　　与之相反，蒙德里安是"冷抽象"艺术风格的代表人物。他认为几何形是艺术语言基本的要素，最适合表现"纯粹实在"。作品多以原色米完成，大量地运用直线和水平线，在多形块分割中表现对立的和谐。这种冷静而理智的艺术风格被称为"冷抽象"（图4-87）。

2."半抽象"：永葆童真的克利、米罗

　　克利、米罗的艺术不属于完全意义的抽象艺术，或可称之为"半抽象"风格。在此我们没有用"意象"的概念，如前论述，是为了和中国传统美学的"意象"的词义进行区别。

　　米罗的作品一般没有明确的物象，多运用不同的线条和一些偶然形构成，画面以单纯颜色的平涂手法，在自由想象中洋溢着"童真"的艺术感染力。这种稚拙的童趣风格既浪漫又神秘，富有诗意的境界（图4-88）。而另一方面，米罗作品也含有多重的象征成分，画面中如星星、旗子、眼睛、字母、音符等各种图形符号，喻示一种生命原动力，暗含了人的本性和情欲（图4-89）。米罗的艺术世界比我们生活的现实更富有诱人的魅惑。

图4-88 米罗《琼·米罗颂》

图4-89 米罗《诗人》

　　在西方现代艺术发展过程中，立体主义的艺术观念传播广泛。克利全名保罗·克利他虽然不是典型的立体主义画家，但也受其影响。克利曾经和康丁斯基、费宁格等人任教于包豪斯学院，他们的艺术观念相互感染，被称为"四青骑士"。克利艺术把内心的幻象和生活体验混合，无法用日常逻辑来解释。作品表现手法简洁，语言近乎直白，利用对平面的几何分解，形成不同形态的色块，在图形的重叠与并置中，营造出充满童真和感性的艺术境界。在克利构建的这个纯粹的梦幻世界中，人们可以感受到画家坦诚的赤子之心和天真无邪的艺术创造力（图4-90~图4-92）。

图4-90 克利《带标记的风景》

图4-91 克利《亚洲之歌》

图4-92　克利《泽菊》

下篇:

现实·幻象——视觉的

想象力

　　20世纪具有重要影响力的哲
学家萨特,曾经说"艺术品是一
种非现实"。只有当意识进入想
象的境界时,审美客体才会出
现,而这种想象的境界,与现实
是互相排斥的,包括对世界的否
定。艺术品正是利用人的意识里
虚幻和真实互相排斥的原理,引
导人们走向审美的超越。

第五章：
现代艺术观念的拓展
——从形式主义、表现主义到超现实主义和波普艺术

　　20世纪以来的西方现代艺术史，再现了人类文明一个极富活力和创造性的发展阶段。纵观这一时期，各种艺术流派迭起，名家大师辈出。这里我们笼统而言的"现代艺术"，它与传统艺术、古典艺术或古代艺术相对。在不同的场合使用，它也可以包括现代主义艺术、后现代艺术、实验艺术、先锋派、前卫艺术和当代艺术等。

　　现代主义艺术是现代艺术的重要源头和组成部分，涉及绘画、建筑、文学、音乐等不同领域，它的影响力一直延续到今天。通常定义的现代主义（或现代派）艺术，一般指在印象派之后的西方现代艺术，它经历了后印象派、立体主义、野兽派、抽象主义、表现主义、未来主义、超现实主义等不同时期。现代主义艺术在发展演变的过程中，大致分为两个方向："形式主义"——系对视觉图式的探寻和"表现主义"——系对人精神意志的表达。同时，这两条主线又相互影响，错综交织，并且不断衍生出新观念和新方法，从中也映射出西方艺术当下的各类状态。

一、形式主义美学的艺术探索

形式主义美学起源可以追溯到古希腊时代。例如康德在《判断力批判》中认为，"美是对象的合目的性的形式"，这里的"美"不涉及意图及概念，只是一种纯粹的形式存在。康德的理论经叔本华和尼采等人的继承，也不断向前推进。进入20世纪初，克莱夫·贝尔和罗杰·弗莱等理论家又进一步深入，形成了影响整个现代艺术发展的理论基础——形式主义美学。

这一阶段的形式主义美学作为一种立足于视觉艺术领域的理论思考，它的产生离不开现代主义的艺术实践探索。西方现代文化经历启蒙运动之后进入现代主义时期，出现了积极宣扬思想解放、个性独立的人文潮流，因此，这一时期西方艺术现代性的重要体现就是崇尚人的思考理性和自我创造力。古典主义艺术也主张理性至上，但它是建立在模仿自然的基础上，强调描写"美"的绝对概念；而现代主义艺术强调的是主体理性的自觉，即反对模仿自然，倡导艺术的自我创造价值。这股人文思潮漫延到艺术领域，也极大地启发人们主动地认识世界，用自我的手段来揭示事物的本质，重新探寻新的艺术语言表达。"现代绘画之父"塞尚就提出要用圆柱体、球体和圆锥体，来认识和表达客观世界的艺术理念。又如，现代建筑大师、雕塑家、画家勒·柯布西耶也说："人类精神最大的乐趣就是感悟到自然的秩序，并调整自身参与事物的系统。艺术作品对我们来说似乎是一种建立秩序的工作，一件人类秩序的杰作"（图5-1）。

西方形式主义艺术的理论代言人贝尔在《艺术》一书中认为"塞尚开创了形式主义美学的先河"。形式主义美学观念体现了人作为生命主体的存在方式，对整个客体世界和内心世界进行的自我省思，这也是人在艺术实践活动中产生的一次哲学性思考。它深远地影响了西方艺术的发展，成为现代主义艺术观念的基石。

20世纪初出现的形式主义美学的主要特征，例如，贝尔提出的"有意味的形式"理论，认为就视觉艺术而言，形式就是指由线条和色彩，以某种特定方式排列组合起来的关系，或是排除现实生活内容的纯粹关系。意味就是在"纯形式背后表现或隐藏的艺术家独特的审美情感。"他进一步解释"有意味的形式"："凡种种能够激起我们的审判情感的线、色关系和组合，这些审美的感人的形式，我称之为有意味的形式。"简言之，贝尔所指的是超越现实对象的纯形式，具有超功利性、自足性，艺术以纯粹形式自身为目的。

图5-1　勒·柯布西耶《艺术家礼物》

同时，这一时期的形式主义理论还提出以"终极实在"替换"美"的主张。例如弗莱说："美之范围远较艺术为大。纯形式才关乎艺术本质，才同形形色色与形式无关的美区分开。"也就是说作为纯粹形式的本身就是目的，是"终极实在"，而不再具有手段的意义。这种观点与康德认为"美只在形式中，美的本质是形式"的理解有根本的区别。进入20世纪中期，美国"抽象表现主义"艺术流派兴起，其主要的理论推动者格林伯格，继承了现代主义艺术理论，运用形式主义美学的基本术语，提出"纯造型""平面性"等观点，并且进一步发展了形式主义美学理论，提出关于艺术本身的"媒介说"，为这一时期的美国现代绘画奠定了基础性的艺术理论，也将波洛克、罗斯科等艺术家推介到世界现代艺术的前台。

　　形式主义美学作为现代主义艺术的理论支柱和逻辑起点。西方现代艺术沿着对视觉图式探寻的这条线索，形成了一套完整的艺术谱系，贯穿了西方现代绘画的发展历程。在当时一批理论家的积极论证和大力推介下，以塞尚、毕加索等人为主导，他们的艺术实践和主张逐渐形成一股强劲的艺术风

图5-2　卡尔·本杰明《无题》，"硬边主义"风格

潮，大大促进了以蒙德利安、康定斯基为代表的抽象主义艺术的发展，也在其后不同时期衍生出了至上主义、构成主义、纯粹主义、硬边主义（图5-2）等诸多艺术风格。

同时西方形式主义美学又不断地发展。例如20世纪中叶出现符号美学、结构主义美学和现象学美学等思想，都多少带有形式主义美学的色彩。特别是现代心理学家阿恩海姆继承完形心理学美学思想，运用于对视觉艺术的分析，提出的格式塔美学（又称完形美学）理论，认为视知觉是艺术思维的基础，并由此总结出"力的图式"说，把艺术表现总结为力的结构，而"同形"是艺术的本质。这一学说在当代设计艺术理论领域的影响很大。

二、非理性思维的表现主义绘画

19世纪后半叶，西方哲学由对外部客观世界以及人与外部世界关系的研究，转向对人自身的研究，经历了由自我发现到自我肯定，再到自我表现、自我实现的推进过程。于是，西方现代主义文化思潮中的另一支流——非理性文化兴起，其代表性思想，如非理性主义的开创者叔本华提出"生命意志"观点，把唯我主义的本体论提高到前所未有的高度；而帕格森主张的"非理性主义哲学"认为，现代工业文明对人类精神生活而言是消极的，而艺术则是人类用以对抗现代工业文明，是救赎自己精神生活最为犀利的武器。

在这种社会文化背景下，20世纪初期出现了表现主义艺术思潮。如果追本溯源，西方艺术从后印象派艺术就开始出现了两种不同艺术观念倾向的分野：塞尚艺术一方面表现自然世界的物质实在性，同时对造型规律进行深入地探索，强调对形体造型的理性分析和对画面形式的积极构建。而相对的，高更和凡·高等人的艺术则含有强烈的主观情感因素，代表了另一种非理性艺术思维的主流。高更曾经对现代性带来的物质文明和思想解放所产生的弊端以及理性的暴力发出批判。他的艺术摆脱了模仿自然的古典艺术窠臼，借鉴原始和土著民族的艺术，形成了充满单纯和原始性的艺术风格，从中寄予了对人生及艺术的精神思索（图5-3）。凡·高的作品更是带有明显的自我表现意识，色彩表达充满了感性直觉的成分（图5-4）。因此说，表现主义艺术观念就是对后印象派高更等人的这一支系艺术传统的延续与发扬。这种具有强烈情感因素的艺术作风，对后来的野兽派绘画也产生了影响。但是，表现主义和野兽派艺术有所不同，野兽派艺术重视画面色彩的视觉平衡和绘画本身的形式感，而表现主义更强调艺术的自我发现到自我肯定的精神特征，以展现个人心灵返照的世界。

现代艺术发展史中，宽泛地讲，表现主义艺术包括诸多流派，如新原始主义、象征主义、存在主义以及其他具有社会批判特征的艺术派别。表现主义艺术的基本特征是作品大都保持了具象特征的语言方式（即艺术形象具有现实生活的真实性特征）。但是，表现主义艺术作品的叙事情节或主题，不是对生活现实的抄摹，而是具有强烈的个人化色彩，充满了对人类情感世界和心理状态的探索以及对生存现状的怀疑、抗议和反思。

表现主义潮流以德国表现主义艺术为代表，这也和德国人的民族性中富有哲学思辨精神，艺术传统重视内心情感剖析的文化特征有关。20世纪初，现代艺术理论家李格尔提出"艺术意志"观点，该观点认为：主宰艺术创作活动的是一种人根据特定历史条件与世界相抗衡的"艺术意志"。他的观点在当时德国现代艺术运动中广泛流行，也可以说表现主义画家创作的"内在需求"就是这种"艺术意志"。相比之下，表现主义艺术理论所强调的"艺术意志"和印象派时期画家主张的"为艺术而艺术"观点也有不同，后者强调艺术的自洽，一幅画的目的就是这幅画本身，不需要承载其他的社会使命；而前者往往带有社会批判和自我精神释放的成分。

图5-3　高更《我们从何处来？我们是谁？我们向何处去？》

图5-4　凡·高《星空》

蒙克是表现主义艺术最具号召力的画家之一，早年受到凡·高和高更的影响，他一生创作都围绕着"死亡"和"爱情"两个主题。作品强调激烈的色彩和扭曲的线条，以表达内心世界的焦虑、恐惧、爱与恨。他的艺术对德国表现主义发展具有重要的推动作用（图5-5）。后来的德国表现主义画家如柯克希卡、贝克曼、凯尔西纳等人的艺术，同样充斥着自杀、性感、颓废、无政府思想和精神迷狂等因素。他们的艺术关照内心情感，正视现实世界，成为第二次世界大战前后欧洲社会生活的真实映像。英国艺术史家

图5-5 蒙克《呐喊》

赫伯特·里德在《现代绘画简史》中这样评价这些表现主义画家："因此要求用感情去夸张自然形象，来表现人们在敌对的、不人道的世界（自然）面前所感到的不安和恐怖。他们只能把自己的不安和困惑强化到一个使他获得陶醉和解脱的高度……从前哥特人不能通过清楚的知识把现实化为自然形象，所以也就为这种强烈的幻想所驱使，而把现实转化为神奇、变形的东西。"

　　此外，在20世纪的表现主义艺术思潮中，贾科梅蒂的艺术也具有很典型的意义（图5-6）。他的艺术旨在探寻不同于抽象派艺术的另一种绘画的可

图5-6　贾科梅蒂《安妮特画像》

能性。现代人在新科技的引领下逐渐进入图片、影像泛滥的时代，然而贾科梅蒂却重新回到现代绘画侧重写生来探索视象之谜的艺术传统，并且赋予艺术图像以当下个人"存在"意义的思考。贾科梅蒂的名言："我刻画的是人类孤独的存在感。"他的作品以一种新的观看方式和隐晦的艺术语言，揭示了现代人的生存困境，使具象表现艺术获得了新的意义。

三、超现实主义追求的"精神真实"

20世纪具有重要影响力的哲学家萨特，曾经说"艺术品是一种非现实"。只有当意识进入想象的境界时，审美客体才会出现，而这种想象的境界，与现实是互相排斥的，包括对世界的否定。艺术品正是利用人的意识里虚幻和真实互相排斥的原理，引导人们走向审美的超越。西方现代艺术以后印象派为分水岭，形式主义和表现主义艺术观念分道扬镳，而似乎又在超现实主义艺术观念中殊途同归。之所以如此说，是因为超现实主义作为现代艺术的重要创作理念，西方的现代艺术家大多曾经历过超现实主义的创作时期。他们在这一时期的创作自然也涉及不同的艺术手法，例如，运用写实手法的具象超现实主义风格，以马格里特、达利、德尔沃等人为代表；运用抽象表现手法的非具象超现实主义风格，以马塔、米罗等人为代表。可以说，较之形式主义艺术的理性因素和表现主义艺术强烈的情感诉求，超现实主义艺术走向另一种创作自由。

当然，即便是侧重于具象表现一类的超现实主义艺术作品，它和表现主义艺术作品也有明显不同。举例来说，如果二者相比，后者是"意在画中"，即在艺术形象表达中宣泄主观情感；前者却是"意在画外"，通过超现实的图像形式背后，传达潜在的对现实世界的看法。

20世纪西方社会各种新思潮层出不穷，存在主义、人本主义、生命哲学等相继涌现，这些人文思想和现代艺术观念彼此影响。超现实主义艺术也是这样的例子，它不再鼓吹造型艺术的独立性，主张艺术语言的纯粹形式，而是着力于艺术与哲学之间的渗透，追求超越现实生活的某种精神体验。超现实主义艺术重要的理论依据是弗洛伊德的潜意识学说，所谓"潜意识"，常表现为杂乱无章的反常规幻境。潜意识思维具有的不确定性，决定了超现实主义艺术的反逻辑及非理性特征。并且，超现实主义者认为，理性、道德、宗教以及日常生活经验，都是人的精神桎梏，只有无意识、梦幻才是人真正的精神活动，是不受控制的自由境界。因此，超现实主义艺术家反对传统艺术观念对"美"的见解，作品表现出一种奇异怪诞的非常态情景，常常把梦幻与现实混同，营造了既具体又模糊的境界，给人以灵验、虚无的感觉，同时也具有超越时间和空间的永恒感。艺术家通过这样的表现方式，试图从中探索更深层次的人类精神真实，也以此来隐喻他们个人体验的现实世界。

四、观念艺术：图像复制与波普艺术

　　进入20世纪中后期，西方现代艺术在追求新语言观念的道路上越走越远。观念艺术的出现，使艺术作品所关注的不再是传统意义的技法表现和材质媒介等要素，而是艺术家思想意识层面的观念意义，这也成为当代艺术最大的精神财富和新美学诞生的标志。波普艺术作为在借助于图像方式上最直接、最明显的观念艺术，代表了艺术家对艺术和生活关系的另一种认识。

　　波普艺术的创作方法，常常直接借用商业社会中的文化符号——被艺术家观念化了的现成品（如图片、影像等），通过粘贴、挪用、复制、戏拟和反讽等艺术处理，进而从中升华出艺术主题。例如美国波普艺术的倡导者和领袖安迪·沃霍尔，其代表作就是"当代名人肖像系列"（图5-7）"罐头与可乐瓶系列"等，这些作品运用机器生产式的复制手法，大量使用凸版印刷、橡皮或木料拓印、照片投影等技术，成为对传统艺术形式的颠覆性挑战。用沃霍尔的话说："艺术应该成为商品，而艺术家也应该是艺术商人或商业艺术家，善于经营商业是最美妙的一种艺术。"这种创作方式承载的观念意义在于：艺术家利用了最能代表消费文化的机械复制手段，表达

图5-7　安迪·沃霍尔《梦露》

自身对时代生活的切身感受。在发
达的商业社会和消费主义文化中，
人不断被异化，成为一群失去了理
性与情感的利益追逐者。沃霍尔作
品呈现的那种单调、无聊和重复的
样式，散发着一种冷漠、空虚和疏
离的精神气息，这正是现代社会中
人们普遍的心理体验。

　　波普艺术兴盛于20世纪60年代
的美国社会，它的主要艺术特征表
现为"平面化""无深度"和"反
讽"等。波普艺术诠释了以现代工
业生产和市场消费为主调的时代背
景下，人们所形成的社会文化观和
审美趣味，成为年轻一代追求的新
兴艺术时尚和生活方式。同时，它
也在试图传达着一种理念，倡导消
除高雅艺术和通俗艺术的界限，即
"艺术是生活的艺术，生活是艺术的
生活"。波普艺术兴起使艺术创作的
走向发生了质的变化，预示着现代

图5-8　村上隆《太阳花骷髅》

艺术的通俗化和媒介化时代的到来（图5-8）。

　　在当代文化环境下，现代艺术更是以"前卫"或者"先锋"艺术的新姿
态，衍生出各种表达形式和思想主张，林林总总可谓包罗万象，出现了达达
艺术、行为艺术、装置艺术和影像艺术等诸多流派。经过杜尚、博依斯、沃
霍尔等观念艺术家的探索，进一步拉大了现代艺术和传统艺术的距离，也在
不断地突破艺术与生活的界线，冲击着以往学术传统中对"何为艺术?"的
观点界定。而另一方面我们也可以看到，今天的西方现代艺术进入更为多元
并存的时代，在诸如抽象表现主义、大色域绘画、极少主义、新写实主义
等流派的艺术家中，他们仍然坚守着以往艺术的表现媒介和创作方式。可以
说，当下在中外艺术实践中所包含的各种语言形式以及价值观念，它们交互
生长、相互影响，凡事种种不一一列举。总之，每位艺术家身处在多元开放

的文化环境中，用他们的作品构建多面的艺术现实。同时，现代艺术也不断地在新世界中，创造了艺术本身。

@知识链接：相关的艺术思潮及代表艺术家

- ·印象派：代表艺术家马奈、莫奈、修拉、毕沙罗等。
- ·后印象派：代表艺术家塞尚、高更、凡·高等。
- ·抽象主义：代表艺术家蒙德利安、康定斯基、赵无极等。
- ·德国表现主义：代表艺术家蒙克、柯克希卡、贝克曼、凯尔西纳等。
- ·抽象表现主义：代表艺术家波洛克、罗斯科等。
- ·具象超现实主义：代表艺术家马格里特、达利、弗朗西斯·培根等。
- ·非具象超现实主义：代表艺术家马塔、米罗等。
- ·存在主义艺术：代表艺术家贾科梅蒂、莫兰迪等。
- ·观念艺术：代表艺术家杜尚、博依斯、沃霍尔等。

第六章:

从奇幻思维到

视觉图像的呈现

第一节　超现实主义的艺术想象

超现实主义艺术的思想起源等问题，前面我们已经讲过。它包含多种语言风格，例如，以马格里特、达利、德尔沃等人的艺术为代表，运用写实表现手法的"具象超现实主义"风格；以马塔、米罗、克利等人的艺术为代表，运用抽象表现手法的"非具象超现实主义"风格。这里我们的作业主要训练具象超现实主义的艺术类型。具象超现实主义艺术虽然运用写实方法，视觉方式带有一定客观真实性，但是它强调艺术图像要超越客观生活的现实性逻辑，表现内容富有明显的主观想象成分，其中也会内含对某种思想观念的隐喻。

一、具象图像的异化联想

什么是"图像"？简单说，就是人为的视觉化形象。它不同于纯粹形态意义或者天然生成的视觉元素，图像必然附带人的行为活动和思想意图。如果从造型训练角度来理解超现实主义艺术，我们可以从中总结出一种基本思路，即"具象图像的异化联想"，也就是通过通感、拟真和变异等方法，重新整理我们的视觉经验，展开无限的遐想以生成艺术图像，并赋予作者特定的内心意图。下面我们结合一些经典作品，进一步分析超现实艺术的创作理念。

1. 达利艺术中奇幻的精神隐喻

视觉思维可以赋予物象无限广阔的想象空间，带给艺术家无尽的创造力。达利作品告诉人们：物象的一切变化皆有可能，只有想象力永不枯竭（图6-1～图6-4）。

达利作品把天才的想象力和高超的写实技巧完美地结合。画面充满了奇幻、梦呓般的视觉形象，具有诱惑人心的艺术感染力。他的艺术有意探索人的潜意识，表现出一种强烈的非理性思维因素，充满丰富的隐喻和象征，如借用钟表、流水等意象符号，表现对时间流逝的隐喻，人体、天鹅、面包也都成为表达情欲的幻象。达利有一段名言："疯狂只存在于艺术，存在于科学则为假设，存在于现实则是悲剧。"达利作品中各种各样离奇的形象和细节，营造了足以引起视觉幻象的真实感，这种超越现实生活的景象中蕴含着

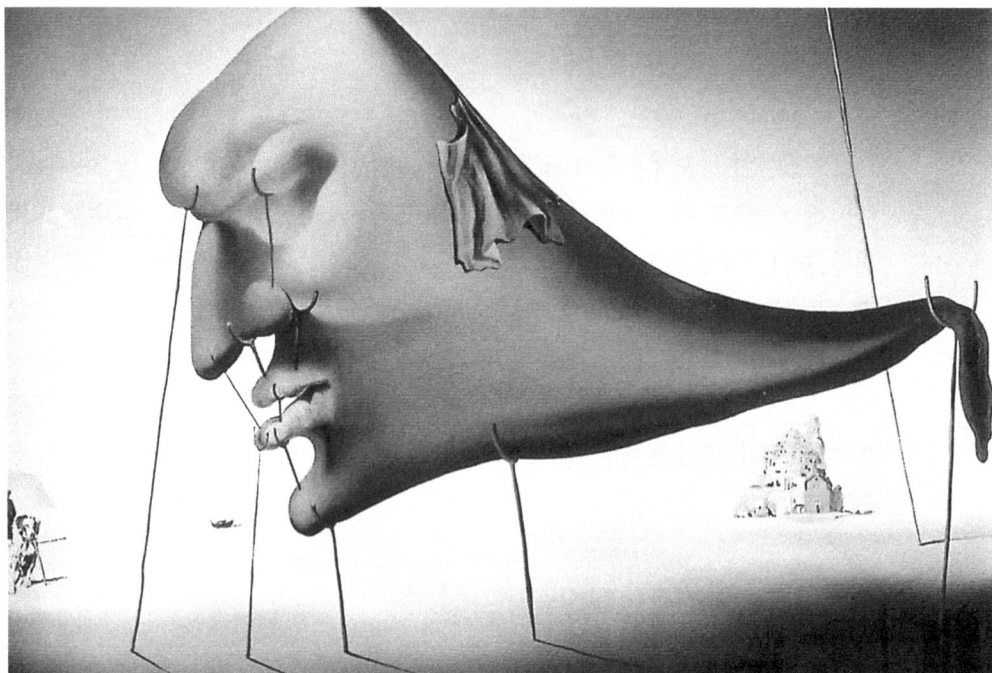

图6-1 达利《睡眠》

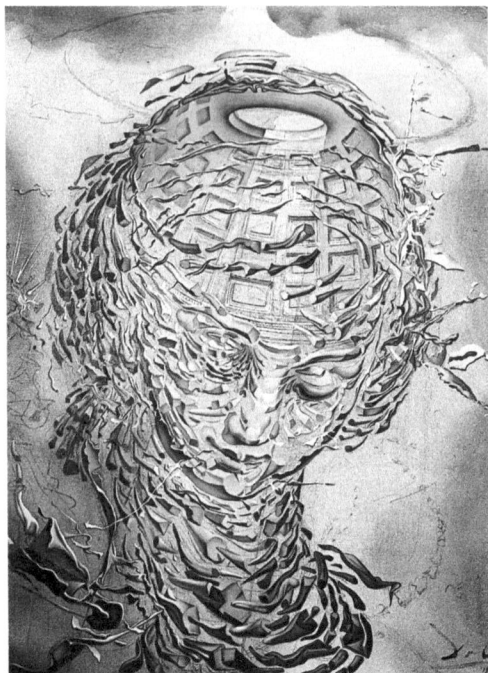

图6-2 达利《拉斐尔的头爆裂了》

图6-3 达利《丽达与白鹅》

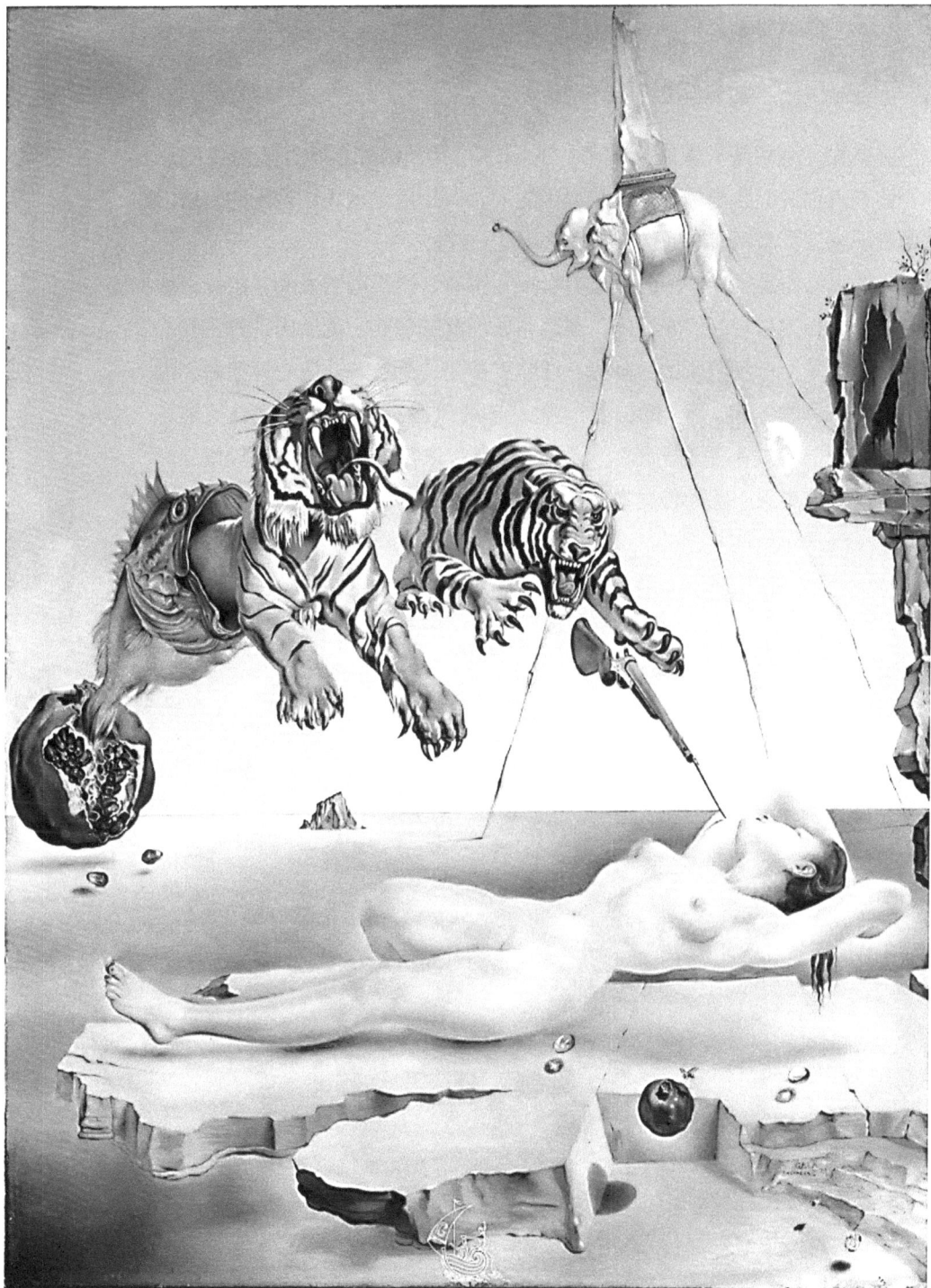

图6-4   达利《由飞舞的蜜蜂引起的梦》

人冲破现实世界秩序的心灵解脱。达利也和毕加索、马蒂斯一起被认为是
20世纪最有代表性的三位画家。

2. 马格里特艺术对未知世界的体验

被誉为"魔幻超现实主义大师"的马格里特，他的艺术富于哲学的意
味，他本人也说，自己是一个喜欢沉思的人，只是用绘画表达自己的想法，
就像音乐家、作家用作曲或作文来表达想法一样。

马格里特作品用诗人的眼睛与哲学家的思辨，把不同的人间景象神奇地
结合在一起，用奇特的幻想空间，表达重新理解的现实，创造出别开生面的
艺术世界。画面充满着原始、梦幻、性欲、神秘、死亡、儿童心理等多种潜
意识和情感体验（图6-5～图6-8）。他的创作宗旨："我以发现物体可能永
远不被注意的方式来呈现（艺术）。""心灵喜欢未知的东西，喜欢其意义尚
未为人所知的意象，因为心灵本身的意义就是未知的。"

图6-5 马格里特《危险的暗杀者》

图6-6　马格里特《宝岛》

图6-7　马格里特《蹂躏》

图6-8　马格里特《伟大的家族》

3. 夏加尔、石田彻也艺术的浪漫与颓废

夏加尔的艺术以浓郁的浪漫情愫和象征性手法，咏唱出一种另类的田园牧歌（图6-9）。作品运用自由想象与重组，呈现梦幻般的缤纷色彩。画面中出现绿色的牛、左右对视的羊、飞翔的人或倒立的情侣等，充满天真纯朴的童稚趣味，洋溢着他对乡村生活的诗意赞美。与夏加尔艺术的快乐情调相反，石田彻也的艺术永远走不出内心世界的阴影。20世纪的日本画家石田彻也，擅长用超现实主义的艺术手法揭示第二次世界大战后日本人的精神世界（图6-10）。他的每一幅作品都有令人唏嘘的情境，例如，坦克上即将发射的"炮弹人"，蜷缩在甲虫躯壳中的人体……画面中的人物眼神空洞，性格显得扭曲和压抑，似乎是被各种力量所操控，异化成为冷酷而疏离的社会生物。他的艺术主题充满悲观主义，表现了艺术家所理解的这一时代人们残酷而真实的生存现状。从石田彻也作品中我们可以直观地理解"具象图像的异化联想"这种艺术思路。

图6-9　夏加尔《生日》

图6-10　石田彻也《变形记》

　　此外，在西方现代艺术史中，具象超现实主义风格的代表性画家还有基里柯、布雷东、德尔沃、马克斯·恩斯特、弗里达等人，他们的艺术表现手法和精神内涵各有特色。超现实主义艺术让创作回归到绝对化的个人体验，每个艺术家都是具体的，他们出自不同主体经验和主观感受所表现出的个人意识，这也是最真实的。我们推而广之来说，现代艺术的意义就在于：由不同艺术家相互差异的眼睛，组合成了一个完整的世界图像。

二、艺术构思的原创性意义

　　这节课我们借鉴超现实主义的艺术思路，进行造型创意练习。作业要求并不局限于立体表现或者平面表现，同学们可以自由发挥。

　　对于有一定绘画基础的同学，这次练习没有太大的技术难度，但是如何完成一张优秀的作业呢？艺术构思的原创性会成为最大的亮点。一开始同学们作业构思往往有模仿的痕迹，这是一个学习的过程，随着课程学习的慢慢深入，这方面会逐渐改进。我们开始做练习，可以利用生活中的某些形象，

图6-11 学生作业1

图6-12 学生作业2

如场景、人物、动植物形象，对它们进行荒诞、怪异、超常规的造型联想，创造"意料之外，情理之中"的新画境（图6-11～图6-14）。这其中含有强烈的主观想象色彩，我们鼓励练习中挖掘个人情感意识的各种独特想法，进行充分的强调和夸张。

另外，我们强调原创性思维的价值，但也不要把它看成是绝对化的。一方面"原创性"不能仅依赖于思想深处的灵光乍现，而是要通过必要的学习借鉴的过程，从中获得切身的体会和启发。另一方面，造型艺术是视觉艺术，再好的创意构思如果不能通过一定的艺术表现手法呈现出来，它就失去意义了。反之，即便你的创意平平，但是在艺术表现方面很突出，那依然不失为一幅好作品。我们说："创意""格调""品位"是艺术审美中不可或缺的关键因素，而艺术语言的本身也是作品"格调""品位"的重要体现。所以不断提高自身的文化修养，经常向艺术大师作品学习，对不同艺术风格形式"多见多闻"扩大知识视野，这些都是帮助我们在艺术道路成长的有益途径。

图6-13　学生作业3

图6-14　学生作业4

第二节　多维空间的视错觉

我们在一张纸的画面上，可以表现出二维空间的平面图形，也可以利用透视原理及色彩关系等造型手段，表现出有三维空间感的立体形象。除此之外，还有没有其他造型的可能性？

当然，我们还可以表现出超越二维、三维的多维空间图像。要表现出这种多维空间的画面效果，主要是利用人的视觉错觉，使造型能够产生出多空间的视觉幻想。这就需要打破对平面空间或者立体空间的思维限制，构想出充满遐想的视觉新境界。

这种艺术风格的代表人物就是被称为"错觉艺术"创始人的现代艺术家埃舍尔。他创作的一系列"视觉游戏"作品，画面摆脱视觉习惯的构成逻辑，让时空关系倒转。作品可以同时呈现出"自相矛盾"的多维空间，形成一个自足而丰富的艺术世界。埃舍尔的艺术也给现代设计带来独特的创意思路，比如日本的现代艺术设计大师福田繁雄等人都深受影响。

一、经典造型创意解读

1."自相矛盾"的视错觉

埃舍尔、马格里特、福田繁雄等人都创作过这种"视错觉"的作品，画面创意打破了人在正常状态下的视觉认知逻辑，创造出充满趣味性的视觉游戏，形成"多维共存、不断重构"的空间效果。它的图像原理并不难解读，只要理顺思路，就可以看明白。制造这种奇异视觉感受的基本原理是让人在不知不觉中变换画面的"前景"和"后景"，以及"实在景"和"虚拟景"的关系，这样就会形成错觉，扰乱人们视觉常规中的统一性逻辑，产生时空逆转的视幻想象（图6-16～图6-20）。

通过约瑟夫·阿尔伯斯的作品《结构星座》（图6-15），可以清晰地理解这种矛盾空间的画面原理。

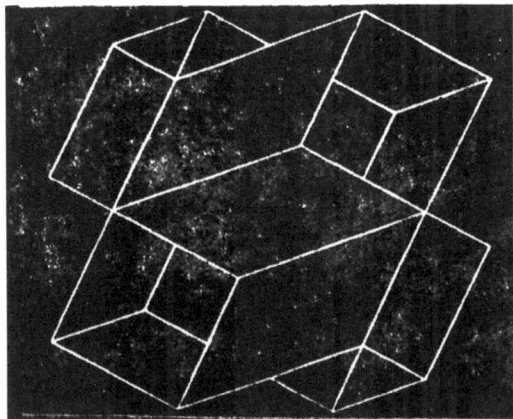

图6-15　约瑟夫·阿尔伯斯《结构星座》

图6-16　埃舍尔《蜥蜴》

2.“正负形”和“负面空间”

现实生活中，我们观看二维空间的对象时，会本能的产生什么是“图”、什么是“底”的视觉判断。利用这一原理，在视觉传达设计中，如果有意地转换图和底的逻辑关系，就会获得“画中有画、景中有景”的视觉惊喜。这种造型创意习惯称为“正负形”（图6-21、图6-22）。

与此类似，现代设计中有负面空间的理论，本质上，“正负形”和“负面空间”是一回事。所谓“负面空间”就是说，一个空间有两个部分，即“正面空间”和“负面空间”，正面空间突出观者眼睛应该聚焦的主题及事物，

图6-17   埃舍尔《泉》

图6-18   维莱特《致敬福田繁雄》

图6-19   福田繁雄《福田繁雄海报展1995年》

图6-20   福田繁雄《日本松屋百货海报》

图6-21 埃舍尔《八张脸》

而除此之外其他因素，为图像的负面空间。在我们的造型创意练习中，也可以运用这些视觉规律进行艺术构思。

二、脑洞大开的视觉探险

利用视错觉联想的原理完成造型创意，这让我们的作业练习可以是二维效果的，也可以是多维效果的，这种作业在构思设计方面有一定难度。通过欣赏埃舍尔、福田繁雄等人的作品以及搜寻类似的网络图片（图6-23），可以从中获得启发和借鉴，帮助我们进一步理解这种视错觉艺术的表现方法，最终形成自己带有原创性的造型创意。这是很有意思的视觉"探险"体验，

图6-22　福田繁雄《IBM展场海报》

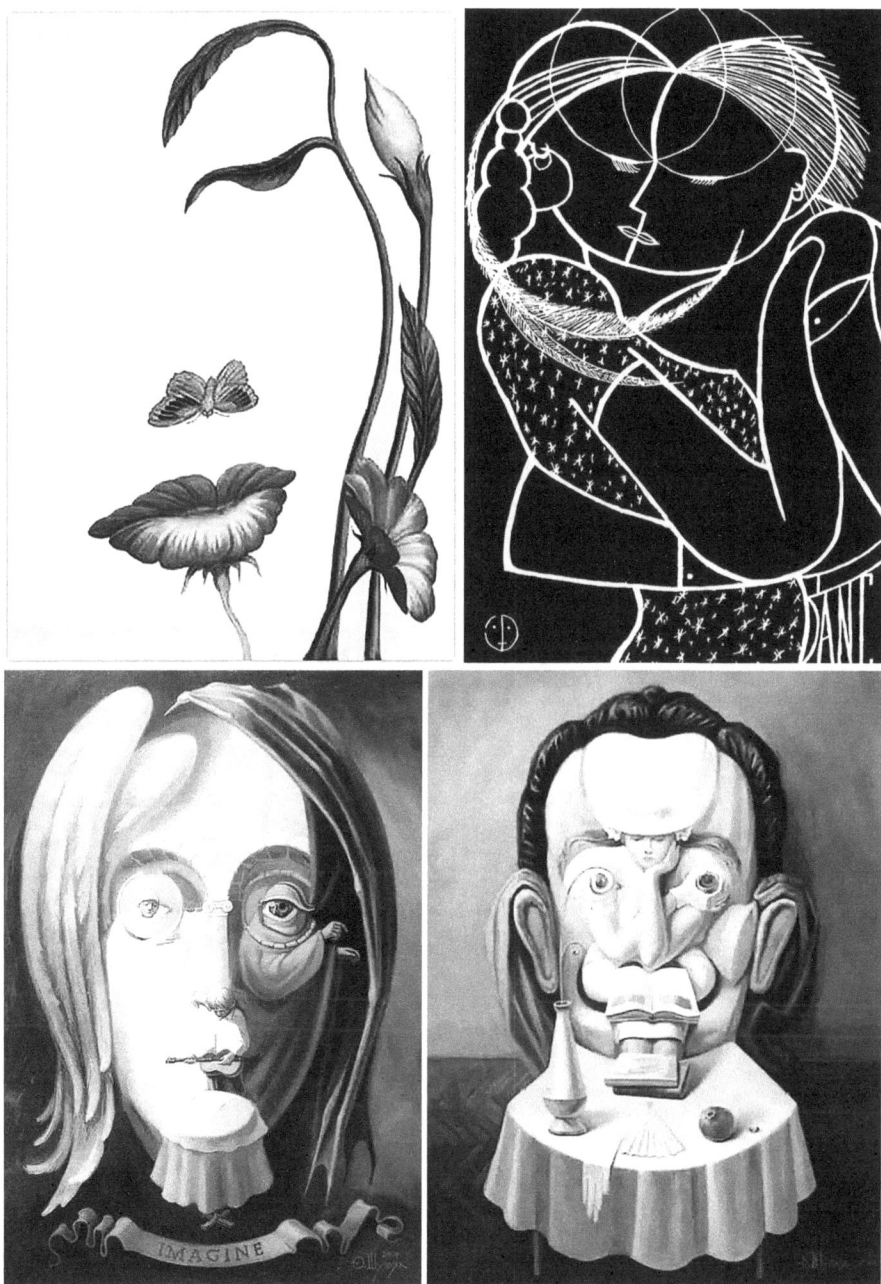

图6-23　"画中有画、景中有景"奥列格·舒普利克作品（左上、左下、右下），杰里·唐恩作品（右上）

对于开拓同学们的艺术思路大有裨益。视错觉联想的造型思维方式，有助于
破除同学们一般常规化的艺术理解，培养和引导造型设计中出奇制胜的创新
能力（图6-24、图6-25）。

图6-24 学生作业1

图6-25 学生作业2

第三节　综合材料的造型体验

一、用材料制造肌理

在当代的一些新潮艺术中，如新表现主义、达达艺术、装置艺术等流派，常常会运用现成物品、天然材料来进行艺术表现。这一节我们也来尝试做相关的作业练习。

需要指出，这些艺术中类似"离经叛道"的艺术表现方式，也包含深刻的社会文化喻义以及不同于传统艺术的思想价值，而并非一味的标新立异，追求以另类的媒介材料，制造艺术品的表面化视觉效果。在这里，我们只是从造型基础训练的角度，来分析这种艺术表现方法对我们的启发和借鉴。

运用材料制造肌理会产生不同于传统艺术手法的造型体验。

肌理效果可以由天然材料或人工材质的排列与构造来形成，这些不同材料具有如细腻、轻盈、粗犷、坚实等造型质感以及带有一定触摸性的视觉效果。它们形成的肌理美感具有丰富的视觉层次，能给艺术作品赋予独特的形式感和精神气息。所以，当材料表现成为艺术元素，纳入艺术作品的语言系统时，也就为艺术创作提供了一种新思维和新方法。

下面我们举例分析。立体主义艺术发展到综合立体主义时期，在艺术作品表现中常会粘贴一些报刊的纸片，引发一时的艺术风潮。例如，格里斯运用综合材料表现的静物作品（图6-26、图6-27），其中就粘贴了报刊上剪下来的数字和字母，或者是带有木材纹理的壁纸。画面由此形成的不同质地感，丰富了作品的艺术形态，使人从层层叠加的肌理中产生新的审美愉悦。综合材料的运用突破了传统绘画的一般性视觉特点，创造了一种独特的艺术效果。

基弗是20世纪80年代新表现主义流派的代表艺术家，师从德国观念艺术大师博伊斯。他的艺术风格结合了抽象和具象，幻觉感和物质性的表现特征，作品含有丰富的象征意义。画面尺幅很大，有时候会运用砂子、泥土、各种碎屑物掺杂乳胶、油漆等做底子，上面堆砌稻草、玻璃、甚至飞机残骸，可以说将综合材料运用到极致。基弗作品借助这种厚重的肌理感，营造出宏大的气势，具有强烈的艺术感染力，启发人们去思索在一般事物表象下，未被发现的深层意义。例如作品《夜晚的命令》（图6-28），显示了一

图6-26 格里斯《窗前静物》

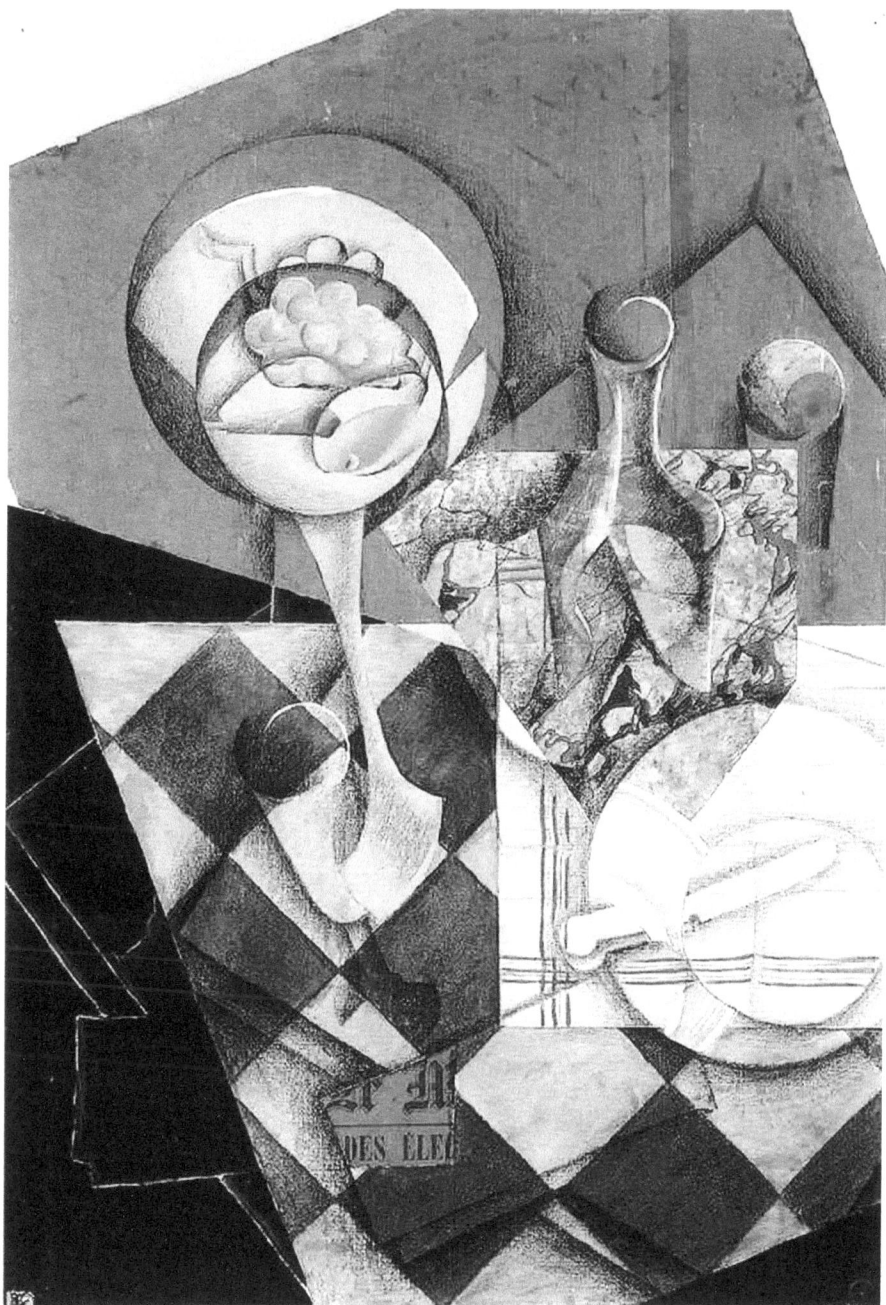

图6-27　格里斯《果盆、水果和玻璃瓶》

图6-28 基弗《夜晚的命令》

个孤独的人躺在干旱皲裂的田里，周围巨大的向日葵，代表着一种生命活力
的艺术符号。作品寓意人类与自然，生与死的循环，以及人们渴望生命转化
的精神状态。

　　第二次世界大战后的法国艺术家杜布菲，被称为"反美学的现代艺术大
师"。他不赞同当时流行的艺术潮流，执着坚持自己的个性艺术创作，提倡
自发的、无意识的、反艺术的创作。他的作品类似小孩的涂鸦，却能给人不
同凡响的艺术震撼力（图6-29）。作品扬弃传统的绘画技法，用石膏、木
片、油灰、沥青等材料，刻意制造出一些特殊的质感，表现出极强的肌理效
果。他也通过这种艺术手法来再塑绘画的主题，创造独树一帜的艺术风格。

　　在欣赏这些现代艺术过程中，读者对画面材料肌理的艺术感受，并不局
限于对材料直接触摸的知觉体验，或者是材料肌理所产生的视觉美感。此
外，还有重要的一点，这一类艺术作品往往内含有一定艺术观念，读者对这
种艺术观念的理解又是不确定的，可以因人而异。例如克莱因《人体测量
图》作品（图6-30），直接运用真实人体的拓印，制造画面的肌理效果。作
者通过这种"行为艺术"的表现方式，把作品意义赋予在完成作品的整个过

图6-29　杜布菲《大爵士乐队》

图6-30　克莱因《人体测量图》

程中，而不局限于艺术行为的最终结果。他想在作品中表达的观念意义：因不满现代社会以人为中心而恣意破坏自然规律的价值观，因而对此进行戏谑和嘲讽。当然除此之外，读者也可以对作品做其他的解读。这就是当代哲学强调的一种艺术观，即"文本意义阅读的参与性和开放性"。

其代表理论就是当代文学评论家罗兰·巴特的"作者已死"观点。罗兰·巴特认为作品在完成之际，作者就已经"死亡"，即在作品阅读过程中，作者的角色隐蔽了，读者不再受其写作意图的影响。而所有的阅读活动，都是读者心灵与一个写定的"文本"的对话，价值就在这个过程中被创造出来。这个观点放在某些现代艺术欣赏的场合中，也同样适用。

总之，通过以上的学习借鉴，我们可以在相关造型练习中，尝试发掘综合材料应用的广阔空间，丰富作品的艺术表现手法。

二、实物造型的艺术体验

"实物造型"有两种情况，其一，利用现成的物品造型；其二，在实物上绘图。这两种实物造型的方式也广泛出现在装置艺术、陶艺设计、工业产品设计等许多领域。

关于利用现成物品造型，在前面的讲授中已经有涉及。这里来解释实物上绘图。试想，我们在一个罐子四周进行彩绘，这样创造出的视觉情境就是流动性的，可以变换不同的角度来观看。因此，在实物上造型和在纸张上造型，画面产生的形式效果是有差异的。并且，如果把实物放到不同的空间环境中，或者观看的方式发生了改变，因此也会获得不同的视觉体验。

这节课的练习延伸到实物造型范围，体验更加鲜活的艺术审美感知。例如，在实物上绘图：可以尝试在蛋壳上绘制图形，既要符合多视点观看的形式要求，又要考虑图形在空间中衔接的完整性。利用现成物品造型，可以按照造型的意图，对土豆进行不同方式的切挖，或者用纸板搭建一个造型组合，在空间环境中感受其所传递的艺术气息，体验造型材料直观的视觉美感。

我们分析一些这方面造型创意的实例。毕加索的《牛》运用综合材料造型（图6-31），代表了立体主义雕塑的一种典型作风。而熊秉明的《鲁迅像》形象塑造颇为传神（图6-32），作品使用了最为朴素而直接的纸板材料，很契合艺术对象的精神世界。

这组圣诞节题材的造型设计（图6-33），利用纸板裁剪出简单的基

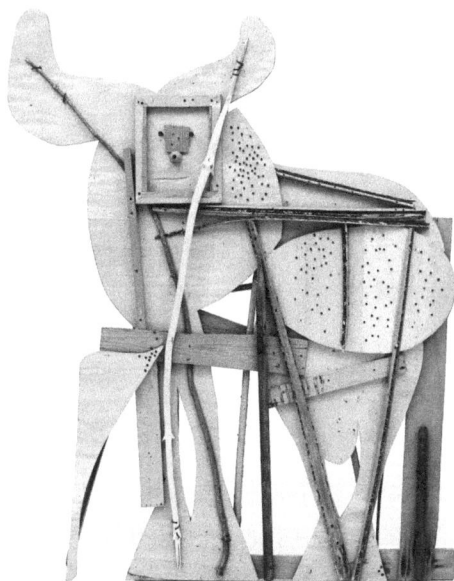

图6-31　毕加索《牛》，木板综合材料

图6-32　熊秉明《鲁迅像》，纸板综合材料

图6-33　台湾佛光大学的"圣诞主题"学生作业、纸板综合材料

本形，巧妙地进行了立体空间的组合。造型简练主题明确，艺术形象富有趣味。

20世纪50年代现代陶艺兴起，这时的毕加索投入极大热情，创作了大量的陶艺作品（图6-34）。他设计窑炉、拉坯、成型、施釉、烧陶，甚至买车床加工造型，创造性地运用各种技术，制作了各种外形奇特的艺术造型，包括女人、秃鹰、公牛、山羊、半人半马怪等，并且自己配料绘制图案。这些陶艺作品艺术表现构思大胆，形式丰富，与他在平面画布上作画的艺术风格如出一辙。毕加索的实践对现代陶瓷艺术影响深远，把陶艺从实用工艺提升到艺术品的高度。从这批独辟蹊径的陶瓷作品中，可以看出这位天才艺术家过人的创造能力。

《大象巡游》是一组游历于世界各地展览的流动雕塑作品（图6-35）。2014年《大象巡游》艺术活动在香港展出，全部的雕塑由本地及世界知名艺术家及国际顶级品牌设计师创作。展览主题结合了艺术与自然的环保元素，这些憨态可掬的大象经过不同题材的绘制，每一只大象都蕴含独一无二的艺术审美感受。这种造型体验也可以通过适合课堂教学的方式，借鉴到我们的教学中。

三、走进视觉表达"新大陆"

下面这一组综合材料的作业练习，有的通过大面积平涂和不同笔触短线的皴擦，形成视觉质感，同时利用几何形严整和偶然形随意的对比，使画面构成产生密集与疏朗的不同变化，并以大块空白纸的粘贴，有效地统一了视觉秩序（图6-36）；有的作业在手绘的基础上使用报纸与图片的粘贴、复制等方法，形成丰富而别致的画面形式感和视觉趣味（图6-37、图6-38），尽管作业中的有些艺术处理还略显稚嫩，但这种学习探求的精神值得肯定。

还有几幅作业，同学们尝试了多种表现方法。例如，在白描花卉图案稿上添加木纹拓印的肌理，再粘贴剪裁的仕女图形（图6-39）；或者将一个人物的图片撕开，重新进行拼接（图6-40）；或者把《韩熙载夜宴图》的侍女轮廓叠放在其他图案背景中，再把画面复印出来（图6-41）。通过这样的图像处理，营造出不同的视觉意境，显得神秘诡异、清新淡雅，或者古朴幽怨。

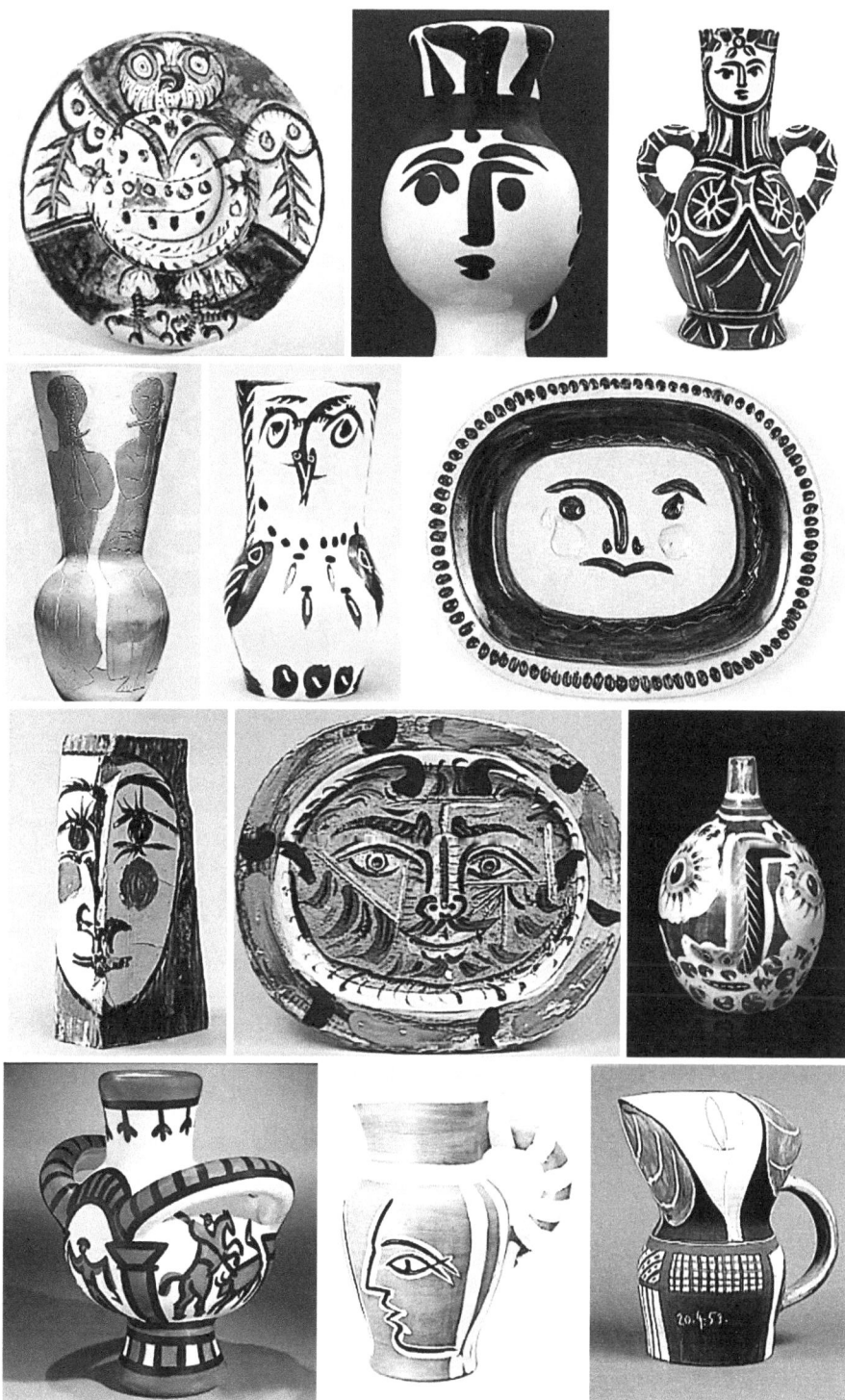

图6-34　毕加索的陶艺作品

图6-35　香港《大象巡游》主题展览

图6-36　综合材料练习1（学生作业）

图6-37 综合材料练习2（学生作业）

图6-38　综合材料练习3（学生作业）

图6-39 综合材料练习4（学生作业）

图6-40 综合材料练习5（学生作业）

这几幅作业（图6-42～图6-45）借鉴了波普艺术的常用表现方法，运用了图形并置、报纸拼贴、肌理喷溅与拓印等手段，制造出特殊的质感效果。画面具有现代艺术所崇尚的简洁和纯粹的艺术风格，也表现出对一些偶发性艺术趣味的追求。

最后总结这一节综合材料造型的课程内容。我们身处的当下，各种知识信息和物质变化可谓日新月异，所以对于新潮的艺术流行，我们不可能视而不见。要不断通过必要的学习，去理解这些新艺术观念和艺术变革内涵的时代意义，看到它们对人类社会的审美观念和精神文化产生的积极贡献。同时我们也不要盲目地追赶潮流，应该认识到在人类历史的每一个阶段都创造有丰富的文明成果，其中包括艺术文化财富。因此，无论传统艺术或者现代艺术，它们之间必然存在艺术观念延续的脉络。

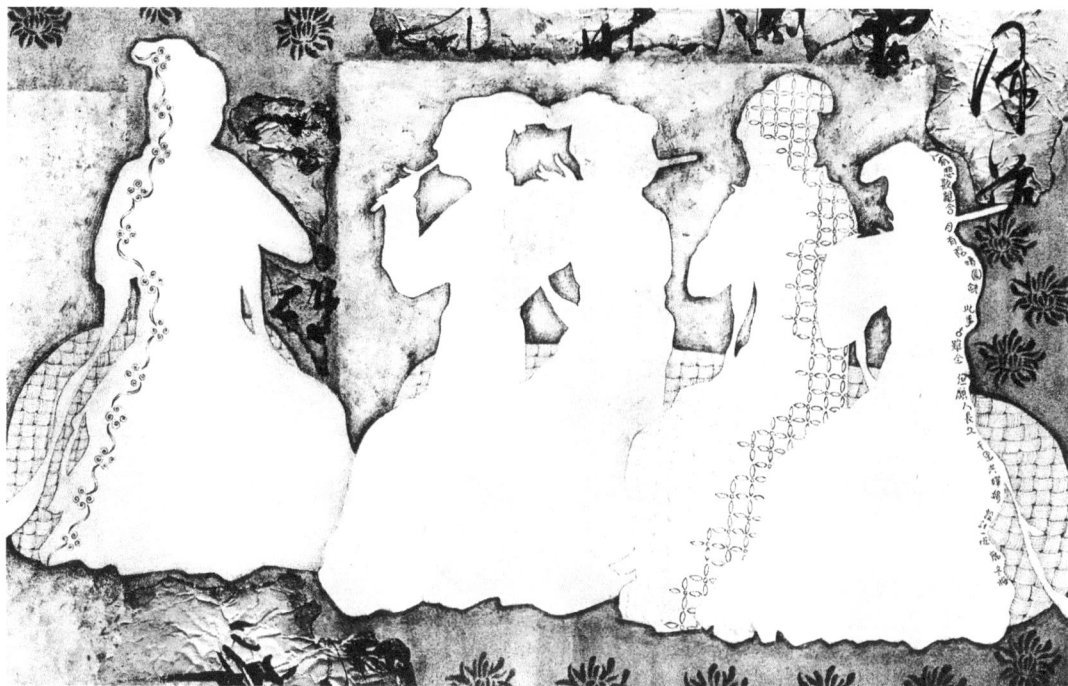

图6-41　综合材料练习6（学生作业）

图6-42　综合材料练习7（学生作业）

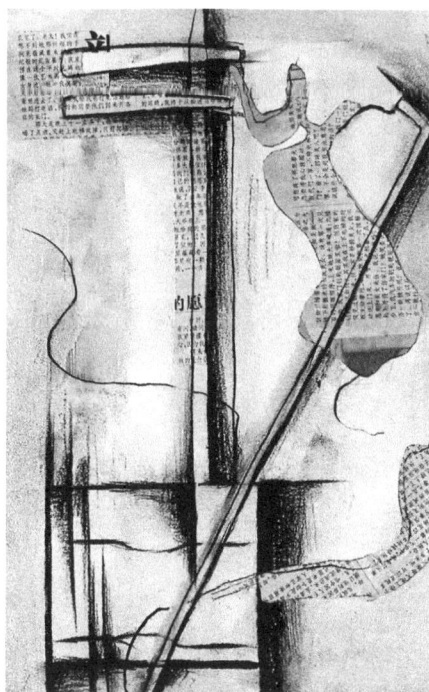

图6-43　综合材料练习8（学生作业）

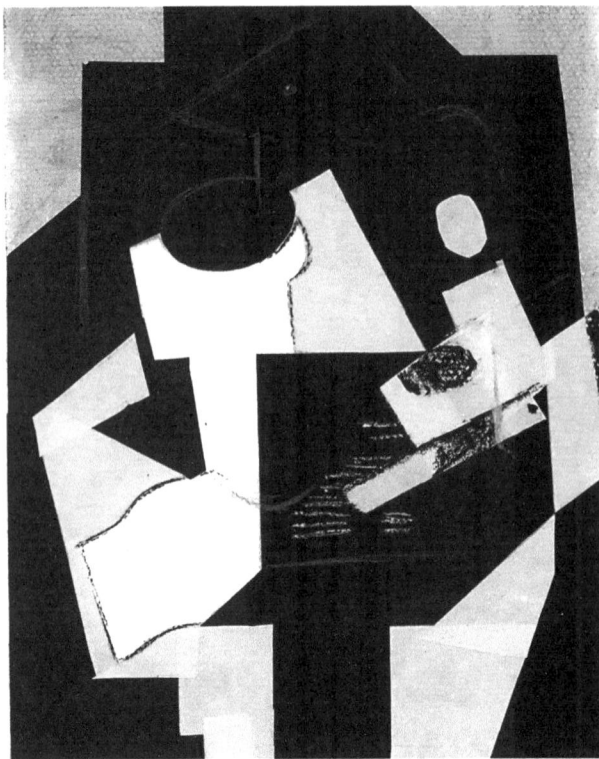

图6-44 综合材料练习9（学生作业）

图6-45 综合材料练习10（学生作业）

　　而对我们的造型基础训练课程而言，要培养同学们的审美意识，提高综合造型能力，就必须建立在对这些古今中外各种艺术资源的学习继承之上。只有具备这方面的扎实基础和广阔的艺术眼界，同学们未来的艺术之路才会走得更远。

结语

　　这门课程的整体设计，是从"立体空间造型"到"平面空间造型"，在每个单元中又区分了"具象表现"和"抽象表现"等不同形式，教学内容中借鉴了"形体转换""解构重构""形式构成"之类的现代艺术手法，目的是使教程设计能够系统化、学理性，以及具有充分的专业适应性和教学中的可操作性。这些教程设计也基本涵盖了不同专业在美术造型训练方面涉及的内容。并且结合"造型"和"设计"的不同专业背景，补充了相关知识点，如超现实表现、正负形、多维空间视错觉、综合材料造型等。另一方面，在课程讲授中，也渗透了理论和实践相结合的构想，希望给同学们开启一个广阔的艺术视野和文化语境，这样我们理解具体的问题会更为容易。让同学们从具体造型练习中理解艺术观念，同时也以艺术观念来引导造型练习的深入进行。

　　我们的课程到此就结束了，希望大家收获满满。要拓宽艺术创新思路提升审美品格，就要求我们在艺术观念和艺术实践方面，不断地学习领悟和深入探索。希望同学们保持课堂教学中的学习状态，之前课程训练中产生的疑惑要在以后不间断的艺术实践中，去加深对问题的理解，寻找解决问题的方法。古人说"学起于思，思源于疑""学贵有疑，小疑则小进，大疑则大进"。所以，学习中有疑惑说明你对问题的某些方面有了觉悟，但是在认识上还有待进一步深入和突破，这是学习过程中的良好状态。最后希望同学们在求知的过程中，能够发现自己的艺术潜能，在自我发展的道路上，越来越自信和快乐。

附录1　董仲恂教授的现代素描观

董仲恂（董重恂）教授简介：首都师范大学美术学院教授，著名国画家。长期从事现代中国画和现代素描的教学与研究。致力于推广现代主义艺术的价值观念，提出从造型原理角度入手来理解现代艺术，以理性的认识态度，把握艺术造型创新的内在规律，为当代的中国艺术创新注入新观念，引进新方法。同时，主张要打通现代造型艺术和现代设计艺术的联系，提升现代设计艺术的精神内涵和审美品格。

艺术观念与教学语录

①我们课堂的写生，要摆脱对真实物象的直观印象。不要求如实地去描绘静物，它只是我们借助的媒介，要把它转换为造型的观念。我们强调对纯粹形体的分析和表现，要脱离写实绘画的路子。

②静物写生可以是"以小观大"或者"以大观小"，这个过程中强调人的主动性。小的"形"可以去想象，把它夸张到数倍来理解。比如画"鞋带"，我们可以用画"横断面"的方法，强化对具体"形"的分析；画"琴"的时候，可以把它的形体想象成天桥、游艺场……将形体的局部进行放大，目的是要让形体的感觉更加显明。琴、鞋、烛台，在这时候都不具备"实物"的意义，我们要从中发现它们的形体造型的意义。

③对于"以造化为师"这句话，我们不能误解。绘画的过程中，真正的主动权在我们手里，对复杂的形体，可以做概括处理，一切从形式造型的本身出发。如果没有造型观念上的理解，而一味写实描摹"抄形"，这是没有意义的。

④静物写生一开始要设计画面，要把静物在画面中摆放得舒服。同学们不要老是选择画水平视角的对象，换个角度来画，也就是再次认识和思考的一个过程，这样我们对形体的理解会更加清楚。大家多换换角度来画，就会多些新鲜的感受，调动起绘画的兴趣来——这也就是造型研究的兴趣、造型想象的兴趣。

⑤作业练习时，我们面对一张白纸，如果脑子是空白的，这时候不妨慢慢地从一两个形体的组合开始画，在过程中产生创意——这就是"形象思

维"。要重视这种职业习惯的培养。形体组合怎么去表达呢？我们可以进行分解、安装、变异，发挥自由的想象力，当然还需要对造型原理有一定的理解。即使一个简单的小形体，也可以把它想象夸大成一个具有纵深感的空间。不同静物的造型，都可以启发我们产生不错的造型形式感。

⑥即便是"契斯恰科夫体系"的素描，画得很写实，但是它的局部也是抽象的，也强调对最简单的、最本质的形体概念的理解。一个具体的物象，我们可以从它的局部分解出抽象的形体因素，这些抽象的形体因素组合起来，就形成真实的客观实物。例如，假设砖没有实在的意义，而只是代表一种造型的价值，砖组成楼房后就有了实在的意义。

⑦作画要有静气，"心如止水"，不要有"火气""潦草气""燥气"。作画的过程如佛家的打坐"静中生慧"，这是一种心态，老师也教不了。

⑧对于画面，不能随随便便地潦草处理。如果画面进行不下去，就往回退，从简单形体构成开始练习，一旦通过简单的画面，发现了形式美感的规律，你就有继续学习的兴趣；反之，画面表现得很复杂，画面的秩序乱了，这就事倍功半，显得不合适。

⑨进行形体造型的基本功训练时，要对静物造型中内含的几何形结构的规律进行主动地分析，一个面、一个面地画出来。这样的学习方式，强调在过程中多做具体的分析和研究，同时，这也是对良好的作画心态的培养。

⑩塞尚说"自然万物都是由几何形体构成的……"。所以，客观物象的造型也都是相通的，例如，我们可以借助"提琴"的形体特征进行无限地联想，把它构思设计成一个"建筑"。可以说，任何具有实用价值的造型，都可以从非实用性的"纯造型"中产生。如果我们可以把不同性质的造型形式相互打通，产生出创意联想，这就是艺术观念认识上的一种飞跃。

⑪"设计素描的写生"和以前"写实素描的写生"是不同的。我们画台灯、电话都不是目的，只是借助这些静物来建立一种形体造型的观念，提高我们脑、眼、手结合的造型意识和表达能力。如同评价一个飞行员的资质，要靠他的飞行时间来证明。我们说的这种形体造型的表达能力，也必须落实在课堂作业时间内，要通过课堂教学方式才能获得。要掌握这方面能力，单单依靠自学是比较困难的。

⑫我们作业画静物，如何选择写生的对象？要善于发现静物造型中，所蕴含的形体造型的独特价值。从静物造型中提炼出的这种"纯粹形体"，它们并没有实用意义，但是在艺术家手里，它们可以变成设计理念和方法，就

是"无用之用，方为大用"。

⑬关于造型联想，也就是由"此"及"彼"。造型联想不要有羁绊，可以尽量地展开各种奇思妙想和异想天开，也不必考虑有没有实用意义。我们要在对形体理解分析的基础上，产生造型联想。一旦有了这样的观念，我们就会从任何实物形态中发现"有用"的价值点。我们甚至可以把这种思维扩展到纯艺术领域，启发我们对个性化艺术语言的探索，这种联想的空间区域是很广阔的。

⑭我们所谓现代素描教学的目的：一是打通"实物造型"和"艺术造型"界限，找到两者的联系；二是打破平面设计、环境艺术等不同专业的界限，做到"厚基础宽专业"；三是消除纯艺术与设计艺术的界限，在两个领域自由往来，互通有无。我们要建立新的造型观念，最重要的就是打开造型创意的思路。

⑮大脑的审美判断比任何电脑软件技能都有价值。我们对造型问题的理解，要靠手画出来。这个动手的过程和操作电脑程序是不一样的。将来的电脑程序，你需要一个色调，可能会有一百种色阶备选，但是选择的前提是要靠人脑来把握分寸，这也是手绘练习的意义所在。

⑯在画室里，同学们相互学习与影响，大家更容易进步，这说明一个人的经验是有限的。我们学习的过程，应该是轻松的、趣味性的、大胆的、游戏的，是充满诱惑力的。这种诱惑力不亚于运动员去登玉龙雪山，因为，我们学习本身就是探索，含有一定的冒险意味，然而学习的过程又不是一味地莽撞硬拼，艺术创造的胆量要有思想认识的深度作为前提。

⑰"造型"就是"造型"，并没有绘画"造型"与设计"造型"的区别。良好的造型素养无论运用到哪个领域，都是有价值的。我们在素描练习中，强调通过结构、空间、形体方面的相关原理，来进行画面表现，让造型富有趣味性。这种造型形式在视觉上会感觉比较精致，而不会感觉到柔弱、粗糙。

⑱什么是"美"？古希腊人说"美"就是"和谐"。和谐的更高层次就是富于个性的意境，它超越自然的客观美，是通过艺术创造表现出来的主观美。

⑲"天才就是控制"，要产生和谐的美，就要把握艺术表现的尺度，这往往产生于"高一点、低一点、轻一点、重一点……"的微妙控制之中。艺术没有"对""不对"，只有"好"与"不好"。

⑳画面表现要注意气息通畅，为了体现画面的整体气息，要不惜砍掉不必要的，哪怕是精彩的细节。要尽量把画面处理得"通气"，不要有"结"。

㉑有时候"实用性"与"艺术性"之间是有矛盾的。在我们素描练习中，越考虑实用意义，越对同学的想象力和创造性有束缚。但是，"实用性"与"艺术性"也可以是统一的，毕加索、塞尚的艺术作品没有实用意义，但它却为实用艺术提供非常重要的创新思想与方法。塞尚一生的艺术实践传播了一个真理，就是"形体构成是造型的本质"这个概念。

㉒为什么毕加索把同一个题材的公牛画了许多的变体画？说明人的智力是有限的，要经过反复地思考和研究，通过深度地挖掘去发展我们的思维。毕加索画公牛、塞尚画苹果，他们反反复复地画同一题材，这时面对艺术对象的新鲜感没有了，就是为了深入地去研究造型本身的问题。

㉓画面构成具有一种类似"磁力场"的效应。例如，鱼在鱼缸游动，鱼和水的空间位置也会随之变化；下围棋黑白棋子安排布局时，或者客人自由选择餐厅座位时，空间总会有一定的间隔，却保持内聚力。画面也一样，不同艺术元素的组合有松紧、有节奏，它们的关系相互呼应，彼此影响。

㉔学艺术不能采取"攻坚"的态度，好像越是感觉到困难，越是硬往前迈。我们要学会因势利导，这条路走不通不妨就往后退。要用应变的方法来画画，一幅画的构想没有绝对的周全，学会了应变地处理画面，往往更能得到意想不到的生动效果。

㉕讲授现代艺术，美术史的老师和技法教学的老师，他们有不同的讲授角度。技法老师的讲授更注重对其中造型原理的分析。如果缺少了认识造型原理的这个知识链条，你不可能真正地理解现代主义艺术，对思考21世纪艺术要如何发展也是个障碍。

㉖作业练习过程中要"起点简单，心态放松、原理清楚"，创造力会在不知不觉中产生。反之，一开始就费劲地搞创意，这种方法是否行得通？值得考虑。画画的状态要安静、轻松，要举重若轻、四两拨千斤，如果解剖麻雀可以弄清楚问题，就不需要解剖一只大象。所以，打开艺术思路不见得要画宏幅巨制，我们要学会通过简单的练习，来解决造型学习中的疑难。

㉗即便是三四个形体的组合，也要把它们的构成关系画得和谐也不容易。手和眼的关系是相辅相成的，一个好的画面造型，你动手画出来了，眼睛就可以感受到。如果自己画不出来，也就不容易看出别人画中的毛病。

㉘我们参考静物画创意造型时，一起手首先应该想到"形"。"形"对

画面的影响力，远超过其他造型因素的影响。这里的"形"是一种观念，而不是吉他、鞋子这些在生活中理解的现实物，所以画琵琶、提琴等，它们都是一个符号，把它们转换为"形"的理解才有意义。比如说，"黄瓜"食用后在身体内转化为维生素C，它就可以被头发吸收。

㉙画面良好的秩序感很难得。要在单纯中求得丰富，而不要盲目复杂。要让画面表现丰富，重要的是在形体组合上寻求创意，但是画面构成的基本原理要简单。希望从我们的画面中看到秩序，也就是视觉规律性的东西。

㉚画面要"生"而不要"熟"。评价一幅画说"生""拙"，这都是好评；反之说"熟"，就是说画得"油滑""套路化"了。画每一张作业都要像是第一次画的感觉，所谓"生"就是一种积极探索的状态。

㉛我们要突出造型。画面表现中"明暗色调"不能走到"造型分析"的前面，因为色调容易掩盖造型存在的问题。"造型分析"是慢慢研究的过程，也是体验、试验、尝试、游戏等，其中就有兴趣的存在。

㉜画面中"形的关系"，可以包括：一、形的黑白主次；二、形的位置；三、形的大小；四、形的样态差异；五、形的水平与倾斜的对比等。

㉝学习中出现"眼高手低"，这是正常的。手低了，通过练习手可以跟上；但是，眼睛低了，看不懂孰好孰坏，找不到前进方向，就比较麻烦。

㉞同学们在上课中不要满足于一张画的成败，关键是要从思想认识上，对造型原理有所理解。如果对基本造型原理没有掌握，仅凭感觉画了几张好画，等课程结束后，在课堂上获得的东西很容易就丢了。而如果你理解基本造型原理了，自己就可以举一反三。

㉟不要把创意看成是绝对的，重要的还是格调和品位。"创意""格调""品位"这三方面，可能是影响你将来艺术成就大小的关键因素。

㊱毕加索艺术从非洲木雕中吸取了许多营养。我们的设计艺术也可以从民间皮影、剪纸等形式中吸收有用的因素，使作品富有民族特色。有了对图形艺术语言的认识，就能发现这些民间艺术的价值。要实现艺术语言的民族性，一个途径是从这个民族的正统艺术中寻找借鉴，另外的途径就是从这个民族的民间艺术中发掘资源。

㊲写生石膏或者参照图片进行造型创意，这种练习重要的是在观察实物中启发艺术创造的灵感。有些人一看到具体的实物，脑子就糊涂了，这就是你在艺术构思时，没有摆脱客观物象形式的束缚，一旦摆脱这种束缚，你就进入创作的自由状态。我们要从实物中产生造型联想，把现实物象转换成一

种概念化的形体或图形。这其实是对现实世界进行抽象化的过程。

㊳造型创意的艺术联想可以是凭空的想象，也可以"借力打力"，借助具象的实物产生出抽象的联想。参照客观对象来作造型练习，你的感觉就不会枯萎，作品会更有意趣和生命感。这个过程中关键是解决"主观想象"和"客观物象"的关系，两者是若即若离、相互斗争又相互妥协。要争取主动地从生活中体会、感受、揣摩，发现造型创造的灵感和契机。

㊴所谓"素描就是草图"，画素描是整理思维、推敲造型的过程。即使同学们在往后的课程中会大量使用电脑，也不能放弃手中的这支笔。希望能保留这样的习惯，多动手画速写。比如，对形的推敲、对视觉和谐感的调整，这些能力只有通过一幅幅的画作练习，才能得到学习和提高。

㊵如果在"形"上花费了功夫推敲，别人是可以感受到的。心态沉静下来，来回推敲过的"形"，一看就是沉淀下来的东西，比起一蹴而就的"形"，你的这个"形"就更有意味，你的画就可以让人品读了。

㊶画面不能面面俱到，在调整画面时，可以保留大的优点，有时也要保留大的缺陷，不能说把画面所有的缺点去掉。没有缺点，也就没有个性，那么画面就"平"了。

㊷真正的艺术大家，比如齐白石，他的画看起来非常轻松，好像是一挥而就，实际他画得相当慢，会精心地推敲和琢磨。这样的过程，渗透着他对画面格调的追求。美术学院的教学会经常讲到格调、审美等方面的东西，我们要发挥这个资源优势，让绘画和设计两个专业的学习可以相互借鉴。

附录2　优秀学生作品

图附录2-1　学生作业1

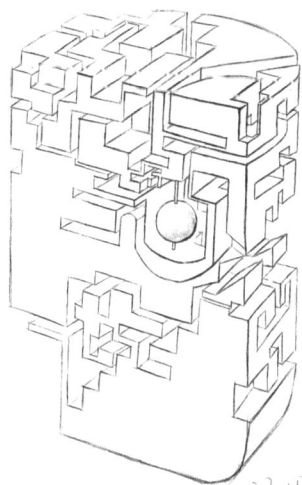

图附录2-2　学生作业2

图附录2-3　学生作业3

图附录2-4 学生作业4

图附录2-5 学生作业5

图附录2-6　学生作业6

图附录2-7 学生作业7

图附录2-8　学生作业8

图附录2-9 学生作业9

98　2

图附录2-10　学生作业10

图附录2-11 学生作业11

图附录2-12 学生作业12

图附录2-13　学生作业13

图附录2-14　学生作业14

图附录2-15 学生作业15

图附录2-16 学生作业16

图附录2-17　学生作业17

图附录2-18 学生作业18

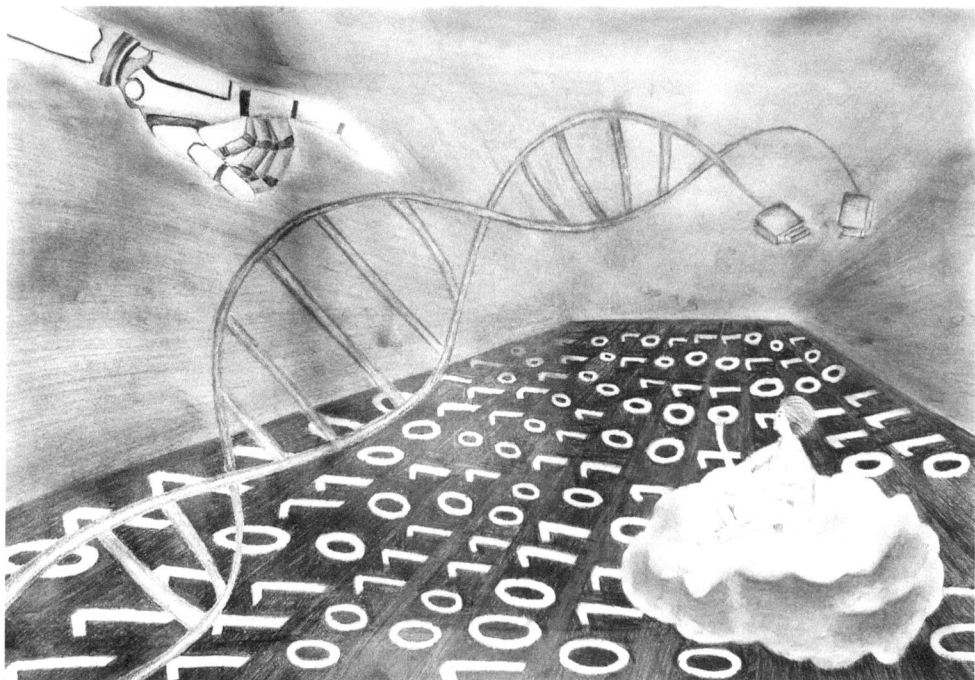

图附录2-19　学生作业19

图附录2-20　学生作业20

图附录2-21 学生作业21

图附录2-22　学生作业22

图附录2-23 学生作业23

图附录2-24 学生作业24

图附录2-25　学生作业25

图附录2-26 学生作业26

附录3　教学延展练习

　　本书内容以造型训练为目的，开篇的导语中也论述"素描即是关于造型意图的整理与实现"的观点，那么训练内容就不仅限于所谓的"单色画"。所以，从造型训练所延伸出的一些练习，如利用颜色为工具或者是在色纸上描绘的"色彩画"，以及"综合材料"的构思草图，均可以纳入学习探索的范围。

图附录3-1　学生作业 1

图附录3-2　学生作业2

图附录3-3　学生作业3

图附录3-4　学生作业4

图附录3-5　学生作业5

图附录3-6　学生作业6

图附录3-7　学生作业7

图附录3-8　学生作业8

图附录3-9　学生作业9

图附录3-10　学生作业10

图附录3-11 学生作业11

图附录3-12　学生作业12

参考文献

［1］ 董仲恂. 设计素描［M］. 北京：中国青年出版社，2007.

［2］ 董仲恂. 新概念素描与造型语言解析［M］. 北京：北京理工大学出版社，2004.

［3］ 刘巨德. 图形想象［M］. 沈阳：辽宁美术出版社，1994.

［4］ 柳冠中. 综合造型设计基础［M］. 北京：高等教育出版社，2009.

［5］ 胡明哲. 形态繁衍—图形创造能力训练［M］. 北京：人民美术出版社，2004.

［6］ 贾倍思. 型和现代主义［M］. 北京：中国建筑工业出版社，2003.

［7］ 王受之. 世界现代设计史［M］. 北京：中国青年出版社，2002.

［8］ 张学忠. 从绘画到设计：早期抽象主义画家对包豪斯的影响［M］. 北京：中国社会科学出版社，2009.

［9］ 阿纳森. 西方现代艺术史［M］. 邹德侬，巴竹师译. 天津：天津人民美术出版社，1994.

［10］鲁道夫·阿恩海姆. 艺术与视知觉［M］. 滕守尧，朱疆源译. 长沙：湖南美术出版社，2008.

［11］贡布里希. 艺术发展史［M］. 范景中译. 天津：天津人民美术出版社，2006.

［12］里德. 现代绘画简史［M］. 刘萍君译. 上海：上海人民美术出版社，1979.

［13］佟景韩，易英. 现代西方艺术美学文选·造型艺术美学卷［M］. 台北：洪叶文化事业公司，1995.

［14］约翰·拉塞尔. 现代艺术的意义［M］. 陈世怀，常宁生译，南京：江苏美术出版社，1996.

［15］弗兰西斯·弗兰契娜，查尔斯·哈里森. 现代艺术和现代主义［M］. 张坚，王晓文译，上海：上海人民美术出版社，1988.

［16］瓦尔特·赫斯. 现代画派画论选［M］. 宗白华译. 桂林：广西师范大学出版社，2001.

图片说明

　　本书图片中，选用了著者教学辅导的部分学生作业。这些分别来自首都师范大学美术学院2006级设计学系相关班级、西安美术学院中国画系2008级刘文西工作室、北京建筑大学建筑与城市规划学院部分年级的相关班级，特别感谢在以上学校教学中各位老师和同学的支持。此外，个别图片来自网络或者参考图书，与图片作者无法取得联系。见书后，请与我们联系，以便寄呈图片使用费。在此诚谢图片原作者。

著者简介

　　仝朝晖，博士，毕业于清华大学美术学院。曾经为日本多摩美术大学、香港中文大学访问学者，清华大学博士后研究员，现供职于北京高校。主要学术研究方向：中国现当代艺术与文化研究，中外艺术比较研究，现代水墨画创作。先后在国内外多所美术专业院校求学与工作，艺术观念受到杜大恺、刘巨德、董仲恂教授等人的影响。长期从事美术实践、艺术史论和艺术设计的教学与研究。学术视野开阔，涉猎广泛。多年来对造型基础教学不断探索，以求创建具有普遍的专业适用性，并且能够因应时下学科发展方向的新思路、新方法。